Web用户查询日志挖掘与应用

王继民　著

知识产权出版社
全国百佳图书出版单位

图书在版编目（CIP）数据

Web用户查询日志挖掘与应用/王继民著．—北京：知识产权出版社，2014.4
ISBN 978-7-5130-2658-1

Ⅰ．①W…　Ⅱ．①王…　Ⅲ．①计算机网络—情报检索—研究　Ⅳ．①G354.4

中国版本图书馆CIP数据核字（2014）第055574号

内容提要

本书介绍了互联网用户查询日志挖掘及其应用研究领域的主要技术、方法与实证研究成果。全书由3篇共14章内容组成。其中，上篇对搜索引擎用户日志与移动搜索用户日志的研究现状进行了系统的分析，给出了Web用户查询日志挖掘研究框架；中篇介绍了基于不同类型用户日志所开展的实证研究结果，包括大规模Web搜索引擎系统的用户日志、大型期刊数据库的用户日志、移动搜索的用户日志等；作为应用研究，下篇介绍基于用户日志进行查询推荐的方法与舆情监测实例。

本书可作为高等院校图书情报与档案管理、信息管理与信息系统、电子商务、计算机科学与技术等相关专业的学术研究与教学参考用书。

责任编辑：李德升　　　**责任出版**：谷　洋

Web用户查询日志挖掘与应用

WEB YONGHU CHAXUN RIZHI WAJUE YU YINGYONG

王继民　著

出版发行：知识产权出版社有限责任公司　　**网　　址**：http：//www.ipph.cn
电　　话：010-82004826　　http：//www.laichushu.com
社　　址：北京市海淀区马甸南村1号　　**邮　　编**：100088
责编电话：010-82000860转8355　　**责编邮箱**：lidesheng@cnipr.com
发行电话：010-82000860转8101/8029　　**发行传真**：010-82000893/82003279
印　　刷：北京中献拓方科技发展有限公司　　**经　　销**：各大网上书店、新华书店及相关专业书店
开　　本：720mm×960mm　1/16　　**印　　张**：12
版　　次：2014年3月第1版　　**印　　次**：2014年3月第1次印刷
字　　数：205千字　　**定　　价**：39.00元

ISBN 978-7-5130-2658-1

前 言

随着计算机网络技术的日益成熟与 Web 信息量的快速增长，用户可以利用网络在任何地点对各类 Web 检索系统进行信息查询，包括 Web 搜索引擎、电子商务站点、数字图书馆等。Web 检索系统的服务器日志记录了用户与系统交互的整个过程，主要包括用户的访问时间、所输入的查询词、点击的检索结果及点击时间、移动用户的终端设备信息等。这些日志文件所包含的查询或点击记录的规模一般都很大，尤其是大型商业搜索引擎，它每天能接受几千万甚至上亿次的用户查询。

开展大规模互联网用户查询日志挖掘及其应用研究，可以发现中文用户进行 Web 查询行为的特征与规律，改善 Web 检索系统的性能（效果与效率），实现个性化信息服务，在发现用户查询主题的变化及其与社会事件之间的关系等方面也具有重要的理论与实际意义。

本书介绍了互联网用户查询日志挖掘及其应用研究领域的主要技术、方法与实证研究成果，全书由 3 篇共 14 章内容组成，具体如下。

上篇是对用户查询日志挖掘及其应用研究的概括性分析与总论。首先利用文献计量与社会网络分析等方法，剖析了 Web 搜索引擎用户日志与移动搜索用户日志的国内外研究热点、主要科研团队等研究现状。然后给出了 Web 用户查询日志挖掘研究框架，分别针对搜索引擎用户日志和移动搜索用户日志，阐明了使用何种数据分析与挖掘的理论、技术与方法，归纳并总结了目前已有的研究成果，包括：日志挖掘的研究内容、数据集的选择方法、数据预处理的方法、不同地域用户行为的特征与比较、如何应用于系统性能的改善等内容。该框架的建立可以指导一般的 Web 检索系统、电子商务站点及其类似 Web 日志挖掘的研究等。上篇由 4 章内容组成。

中篇介绍基于不同类型日志所开展的实证研究。用户日志来自北大天网大规模 Web 搜索引擎系统的用户日志、国内某大型期刊数据库的用户日志、移动搜索的用户日志，这三类日志分别涵盖搜索引擎的使用情况、学术期刊数据库的使用情况和移动搜索的使用情况，代表性较强。对这些日志数据集，我们开展了多维度、多方法的综合性试验研究。取得了许多有价值的研究成果，包括：基于时间序列的用户访问量模型、中文 Web 搜索引擎用户检索的一般特征与规律、多任务中文 Web 查询的特征、用户点击 URL 的局部性与自相似性、中文 Web 用户查询行为的演化趋势、高校用户检索策略的影响因素模型、国内移动搜索用户与传统 PC 搜索用户的比较研究等。中篇由 7 章内容组成。

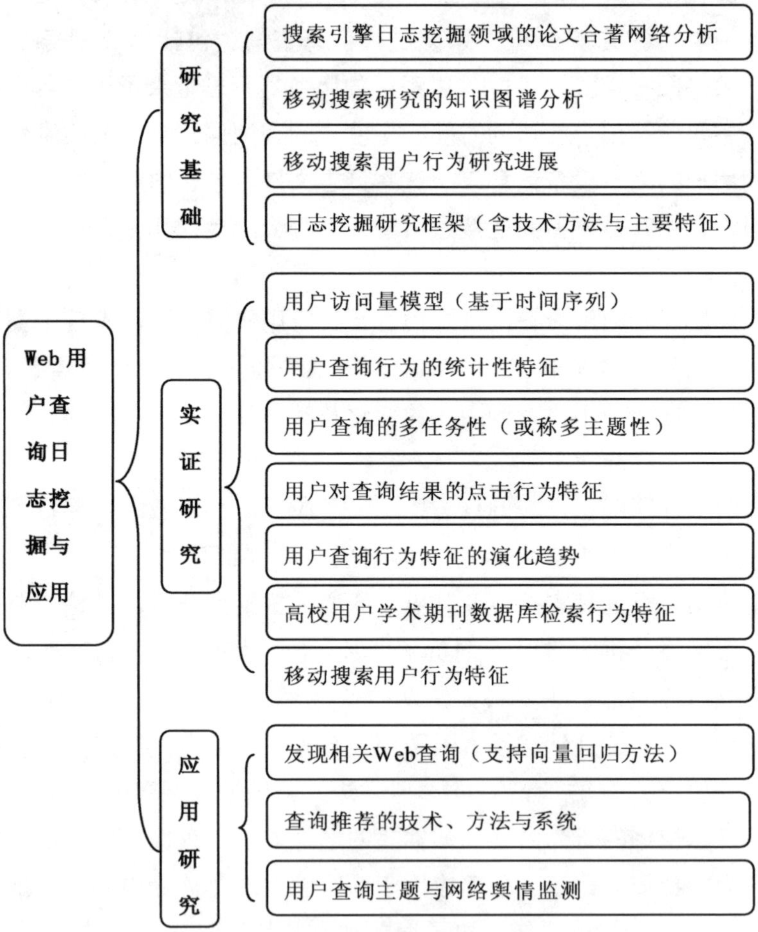

图 1　本书的基本结构

下篇介绍应用研究方面的工作，主要包括 3 部分内容。其一为基于用户日志进行查询推荐的一项实验性研究。其二由一项发明专利的内容构成，所介绍的查询推荐方法及系统具有实际可操作性。它充分利用用户日志的数据项，为用户提供最可能反映其查询意向且系统具有最佳反馈结果的查询串。其三介绍基于用户查询的舆情监测实例与一个实证研究结果。下篇由3章内容组成。本书的整体逻辑框架如图1所示。

Web用户查询日志挖掘所使用的技术与方法主要有：中文信息处理技术、Web使用挖掘方法、建模分析与预测、社会网络分析方法、可视化技术、新事件探测技术、网络舆情分析分法等。整体研究思路与技术路线如图2所示。

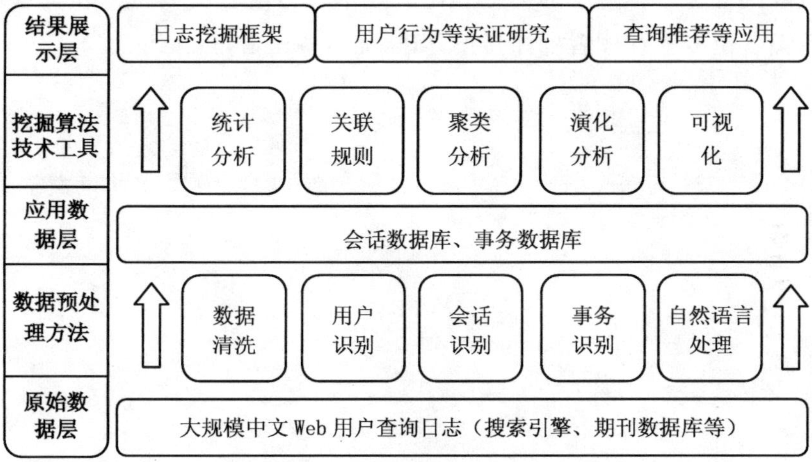

图2　Web用户查询日志挖掘的研究思路与技术路线

本书内容主要来自作者近年来在该领域所做的研究工作，多数章节的内容直接来自本人与他人合作发表的学术研究论文；其中，基于搜索引擎实证研究的数据主要来自北大天网前几年的用户日志（作为公益性中文搜索引擎，它始终没有商业化，近几年的用户访问量较少），而主流的商业搜索引擎如百度、谷歌等都不对外提供或不愿完整提供自己的用户日志，这使得我们无法进一步更新这些实证研究成果。本书的部分研究工作得到中国博士后科学基金、教育部人文社科基金、国家社会科学基金等科研基金的资助。作者早期的研究工作是在北京大学信息科学技术学院网络实验室做博士后时完成的，感谢合作导师李晓明教授的指导与帮助。本书中的搜索引擎日志分析的工作大多是与北大网络实验室的老师和研究生们共同完成的，包括闫宏飞、彭波、孟涛、陈翀、龚笔红等；移动搜索和期刊数据库检索日志挖掘的工作大多是与我指导的研究生们一起完成的，主要有王建冬、李雷明子、张鹏、王明星、郑玉凤、张玉涛等，本科生有孟凡、王一博等；我系博士后化柏林老师和知识产权出版社的李德升老师对书稿的修订和完善提出了有益的建议。感谢所有与我进行过合作研究和为我提供帮助的老师和同学们。在写作过程中，我们参考或借鉴了大量的中外文参考资料，由于篇幅所限或工作疏忽，未能一一列出，在此特向所有的参考文献作者表示衷心的感谢。

本书的撰写工作虽几经努力，但限于能力和水平，难免有疏漏与错误之处；同时，Web 用户查询日志挖掘与应用属于一个新兴的研究领域，具有多学科交叉属性；随着互联网的快速发展，特别是移动互联网的普及，Web 用户的查询行为也将产生新的变化，本书中的一些理论、技术与方法也需要进一步完善和提高。因此，恳请各位专家和读者批评指正（E-mail：wjm@pku.edu.cn）。

王继民

2013 年 10 月于北京大学静园三院

目 录

上 篇 Web 用户查询日志挖掘研究基础

下　篇　基于 Web 用户查询日志的应用研究

上篇

Web用户查询日志挖掘研究基础

为全面了解Web用户查询日志挖掘领域的研究现状，本篇首先选择了与该研究领域密切相关的两个研究主题开展计量学研究。所选择的文献数据源有Web of Science、EI、知网（CNKI）等中外期刊论文数据库。所选择的主题是：搜索引擎日志挖掘与移动搜索。所使用的研究方法有：统计学、社会网络分析、知识图谱、科学计量学等。所分析的主要指标有：基本的文献计量学指标，共词网络、作者合著网络、机构合著网络等各种网络静态几何量。

然后，针对Web搜索引擎日志、移动搜索日志等特定数据集，提出了对其进行挖掘的一般流程（框架），既涉及所使用的理论、技术与方法，也归纳总结了目前已有的研究成果。该框架的建立可以指导一般的Web检索系统、电子商务站点及其类似Web日志挖掘的研究等。

本篇共包含4章内容，具体如下。

（1）第1章对搜索引擎日志挖掘领域进行了计量学研究。重点分析了论文合著网络，包括网络的中心性、小世界特性、连通性等基本网络特征，发现了该领域中最核心的科研合作团队、研究人员及其研究内容等。

（2）第2章对移动搜索领域进行了计量学研究。重点分析了国内外移动搜索领域的研究热点和科研合作网络，利用多种科学知识图谱方法和工具，对其进行了对比研究和可视化展现。

（3）第3章介绍了基于日志挖掘的移动搜索用户行为研究的最新进展，包括移动搜索日志挖掘的理论基础和核心文献；国外三类较为典型的研究成果；移动搜索用户日志分析的研究框架，以及改进移动搜索服务的基本方法等。

（4）第4章提出了一个Web搜索引擎日志挖掘的研究框架，包括：日志挖掘的研究内容、数据集的选择方法、数据预处理的方法、不同地域用户行为的特征与比较、如何应用于系统性能的改善等内容。

第1章　搜索引擎日志挖掘领域的论文合著网络分析

经过十余年的发展，搜索引擎日志挖掘已成为 Web 使用挖掘的一个重要研究分支。本章基于 Web of Science 和 EI 数据库中所收录的有关搜索引擎日志挖掘领域的研究论文，构建了作者合著网络，利用社会网络分析方法研究了合著网络的中心性、小世界特性、连通性等基本特征，发现了该领域中最核心的科研合作团队、研究人员及其研究内容等。

1.1　引言

搜索引擎系统的日志文件记录了用户与系统交互的所有信息。分析与挖掘系统的用户日志可以发现用户进行 Web 查询的特征与规律，进而改善搜索引擎的系统性能[1]。近十余年来有关搜索引擎日志挖掘的论文呈逐年增长的趋势，目前已成为 Web 使用挖掘的重要研究分支之一。

科研合作最显著的表现形式是科研人员之间合作发表论文，而对论文合著情况的研究是分析科研合作的一个重要切入点。合著论文总数是评价作者、地区或机构之间科研合作与学术交流水平的一个重要指标。一定时期内某领域作者合著论文的数量及合作状况，在一定程度上反映了这个领域科研合作与学术交流的发展速度和质量[2]。

以论文作者为结点，以两个作者共同发表论文为边，可以构建一个作者合著关系网络。利用社会网络分析方法对合著网络进行研究和分析，已成为国内外对此类网络进行研究的主流方法，目前已取得许多的研究成果[2-9]，如 Newman 曾对物理学、生物医学和计算机科学等自然科学领域的合著网络进行分析与对比，指出了不同学科之间合作的差异[3]；Liu Xiaoming 等对数字图书馆领域的合著网络进行了分析和研究，并借鉴网页排序的 PageRank 算法提出了作者排序的

Author Rank 方法[4]；Nuša Erman 等借助论文合著网络分析了电子政务研究领域里最活跃的作者[5]；国内的李亮和朱庆华从中心性、凝聚子群和核心—边缘结构等三个角度，对我国情报学领域的合著现象进行了分析[6]，等等。

为对搜索引擎日志挖掘这一新的研究领域的科研合作情况有一个较为概括和清晰的认识，进而了解该领域的主要科研团队、主要研究内容及其研究现状，本章利用社会网络分析方法对该领域的作者合著关系网络特征进行了研究和分析，其中，1.2 节介绍了论文数据的来源和所采用的数据预处理方法，1.3 节给出了所搜集数据的基本统计结果，1.4 节构建了合著关系网络，并研究了该网络的中心性、小世界特性等网络特征，1.5 节对该领域内的三个主要科研团队（凝聚子群）的情况进行了研究，1.6 节总结了全章内容。

1.2 数据准备

1.2.1 数据来源

为确保所分析论文的权威性和代表性，选取 Web of Science（包括 SCI、SSCI、A&HC）和 EI（The Engineering Index）作为论文检索数据库，检索范围为：主题（标题、摘要或者关键词）中同时包含“search engine”和“log”的论文，并选择“所有年份”作为时间段进行检索，共获得 1 036 篇论文的题录信息，包括论文的题目、作者、作者单位、关键词、发表时间及类型（期刊论文、会议论文）等信息。就“搜索引擎日志挖掘”这一特定研究领域而言，检索式的主题中同时包含“search engine”和“log”的论文，基本可以确定是与该研究主题相关的论文。

1.2.2 数据预处理方法

进行有效的数据预处理可以提高挖掘模式的质量，降低挖掘所需要的时间。由 Web of Science 和 EI 这两个数据库所导出的题录信息存在数据格式的不一致性，而且部分数据不完整甚至存在噪声数据。我们在数据分析与模式挖掘之前，先进行了数据的预处理工作，主要包括：剔除不相关的论文、去除重复的论文、拆分同一篇论文中的多个关键词和多个作者、归并同一作者的不同表示等工作，具体如下。

（1）主题去重。由于大规模搜索引擎的使用和普及是在1995年之后才开始的，所以在此时间点之前发表的论文予以剔除。通过人工筛查，我们也删除了几十篇与主题内容完全无关的论文。

（2）论文去重。在选取“作者”“期刊来源”“文章标题”“发表时间”“关键词”作为分析数据项时，着重检查了相同文献在不同数据库中出现的问题，包括标题大小写字母的不同、标点和空格间断的不同等问题，避免了同一论文重复出现的问题。

（3）作者归并。论文在被同一或不同数据库收录时，经常会出现同一作者的不同表示形式问题，如本书作者在此数据集中就同时存在 Wang Ji-min 和 Wang Jimin 两种形式，将来还有可能出现 Wang J M 等。我们对论文中所出现的作者进行了简单的归并处理，具体过程是：由论文作者数据构建一个作者合著网络，计算各结点的度值，然后按降序进行排列，去掉度值较小的节点（如删除度值小于3的结点），再按字母顺序进行作者排序，人工判断连续的两个或多个作者是否为同一作者，构造映射规则库（如 Wang Ji-min 映射为 Wang Jimin），在原数据集上进行作者姓名替换，即用一个统一的名称去表示同一个作者，然后重新构造作者合著网络。在处理本章的这批数据时，我们构建了近百条映射规则，很显然，这种做法并未合并度值较小的结点，这将对计算结果有微弱的影响。

在经过上述数据预处理后，我们得到符合“搜索引擎日志挖掘”研究的论文887篇，不同作者1 969个。如下我们将基于这一数据集进行展开研究。

1.3　基本统计结果

按时间顺序统计各年发表的论文总数，结果显示：论文数量呈逐年递增的趋势，近4年年均发文量为150篇左右。这887篇论文中会议论文和期刊论文的大致比例是2∶1，其中，会议论文主要来自 International World Wide Web Conferences（WWW）、ACM-SIGIR Conference、International Conference on Information and Knowledge Management、Conferences for IEEE Computer 等互联网、信息检索、数据挖掘等重要的学术会议。期刊论文则主要刊载于 *Lecture Notes in Computer Science*、*Journal of the American Society for Information Science and Technology*、*Information Processing and Management*、*Journal of Computational Information Systems* 等。这些会议和期刊主要是计算机、信息检索、人工智能和信

息系统领域的核心会议和期刊。

总体来看，这些论文所涉及的内容既有关于搜索引擎日志挖掘的理论、技术、方法的研究，也有具体的实证研究。其中，已被分析的搜索引擎日志有10余个，包括美国的 Excite 和 AltaVista、智利的 TodoCL、德国的 Fireball、西班牙的 BWIE、韩国的 NAVER、中国大陆的北大天网和搜狗、中国台湾的 GAIS 等。这些论文所使用的日志挖掘技术和方法主要包括：统计分析方法、建模分析与预测、序列模式发现、关联规则挖掘、聚类分析等；挖掘的具体内容包括：词项级、查询级和会话级的数据分析、用户结果页面的查看和点击 URL 的特征、用户查询行为的演化趋势、不同地域用户查询行为的比较，以及如何利用日志分析改进搜索引擎系统的性能等。

统计每一作者的发文数量并进行排序，居前十位的作者如表 1-1 第 2 列所示。该领域的一些出色的研究人员都位列其中，包括：美国匹兹堡大学 Amanda Spink 和宾西法尼亚州立大学 Bernard J. Jansen、微软亚洲研究院的 Chen Zheng（陈正）和 Ma Wei-Ying（马维英）、智利大学的 Ricardo Baeza-Yates，以及清华大学的 Ma Shaoping（马少平）和 Zhang Min（张敏）等。

表 1-1　合著关系网络的中心性排序

序号	作者	发文量	点度中心度排序	度值(%)	介数中心度排序	度值(%)	接近中心度排序	度值(%)
1	Spink, Amanda	24	Chen, Zheng	49	Ma, Wei-Ying	2. 24	Zhao, Qiankun	3. 80
2	Chen, Zheng	22	Ma, Wei-Ying	35	Giles, C. Lee	2. 14	Ma, Wei-Ying	3. 80
3	Jansen, BJ	19	Yan, Jun	24	White, Ryen W.	2. 11	Giles, C. Lee	3. 75
4	Baeza-Yates, Ricardo	16	Baeza-Yates, Ricardo	19	Zhao, Qiankun	2. 03	Cucerzan, Silviu	3. 63
5	Ma, Wei-Ying	15	Li, Hang	19	Cucerzan, Silviu	2. 01	Hoi, Steven C. H.	3. 52
6	Ozmutlu, Seda	15	Murdock, Vanessa	19	Dumais, Susan T.	1. 71	Chen, Zheng	3. 51
7	White, Ryen W.	14	Silvestri, Fabrizio	18	Jones, Rosie	1. 68	White, Ryen W.	3. 50
8	Zhang, Min	14	Spink, Amanda	18	Dupret, Georges	1. 06	Liu, Tie-Yan	3. 50
9	Liu, Yiqun	12	White, Ryen W.	18	Baeza-Yates, Ricardo	0. 99	Bhowmick, Sourav S.	3. 49
10	Ma, Shaoping	12	Yu, Yong	18	Chen, Zheng	0. 90	Lyu, Michael R.	3. 49

1.4　合著网络的特征

一个具体的网络可抽象为一个加权图 $G=(V, E, W)$，其中 V 表示为图中结点的集合、E 表示图中边的集合且 E 中的每一条边都有 V 中的一对结点与之对应，W 表示图中各边所对应的权值的集合。据此，我们可以使用图论和社会网络分析的理论、技术和方法对此网络进行定量的描述，主要有两个层面的内容：其一是网络中单个结点或边的性质，具体的量化指标包括结点的中心性、声望值等。其二是网络的整体性质，具体的量化指标包括网络的密度、直径、连通集团的规模及其分布、核心边缘结构等。目前，对社会网络进行自动分析的软件有很多，如 Ucinet、Pajek 等[10,11]。本章则主要使用 Pajek 计算作者合著关系网络的基本特征指标。

1.4.1　合著网络的构建

在经过数据处理后的 887 篇论文中，合著论文为 775 篇，约占论文总数的 87%，即该领域的作者合著率约为 87%，与一般工程技术领域的作者合著率接近，远高于国内数字图书馆领域的作者合著率（49.6%）[12]。

以论文中出现的 1 969 个不同作者为结点，以两个作者之间共同发表论文为边，以两个作者合著论文的篇数为边的权值，构建一个加权的合著关系网络，该网络共有 3 322 条边。统计显示：该网络中度值为 0 的结点有 67 个，即该数据集中有 67 位作者的论文是由个人独立完成的。边的权值大于 1 的有 352 条，即有 352 对作者合作发表两篇及其以上的论文。网络密度为 0.001 7，这是一个较为稀疏的关系网络。借助 Pajek 分析显示：该网络存在很多切点（cutpoint）[10]，即去除某点后，网络就划分为互不连通的两个部分。

1.4.2　合著网络的基本特征

对所构建的合著关系网络，下文我们主要从结点的中心性、小世界特性、连通分支的规模等方面研究该网络的基本特征。

（1）结点的中心性

在社会网络分析中，有三个主要的指标描述一个结点的中心性，即：点度中心度（degree centrality）、介数中心度（between centrality）和接近中心度

(closeness centrality)。尽管这三个指标所强调的侧重点有所不同，但都是描述一个结点在网络中所处“中心”位置的情况[11,13]。

网络中一个结点 V 的点度中心度是指与结点 V 相连接的边的数量；在合著网络中表现为与其合作发表论文的不同作者的数量。显然，结点 V 的度值越大就意味着这个结点在某种意义上越重要，它反映了结点的局部中心指数。网络中所有结点度的平均值称为网络的平均度。利用 Pajek 软件计算合著关系网络中各结点的度值[10]，并按度值大小进行排序，列举度值最大的前 10 个科研人员，结果见表 1-1 第 4 列。

一个结点 V 的介数中心度是指网络中所有两对结点之间的最短路径之中，经过 V 的数量与总的最短路径数量之比，它反映了结点 V 在多大程度上控制其他结点之间的交往，是一种“控制能力”指数。一个结点 V 的接近中心度是指 V 与网络中所有其他结点的最短距离之和。它反映的是结点 V 不受网络中其他结点控制的测度[11]。利用 Pajek 软件计算合著关系网络中各结点的介数中心度和接近中心度，并按度值大小进行排序，列举度值最大的前 10 个科研人员，结果如表 1-1的第 6 列和第 8 列所示。

对比分析表 1-1 中的三个中心性指标，我们不难发现：微软亚洲研究院的 Chen Zheng（陈正）和 Ma Wei-Ying（马维英）出现在各列中，是上述三个中心性指标前十名排序的交集，也就是说，无论从哪个角度去看这两位研究人员都是整个合作网络的中心人物。就具体取值来看，陈正的局部中心性好于马维英，马维英的介数中心性和接近中心性好于陈正。局部和整体中心性处于第二档位的是智利的 Ricardo Baeza-Yates 和美国的 Amanda Spink。

网络中各结点的点度中心度（或介数中心度或接近中心度）的分布可用一个分布函数 $p(k)$ 来描述，$p(k)$ 表示一个随机选定的结点的度值恰好为 k 的概率。大量实证研究表明，许多实际网络存在幂律（power-law）形式的中心度分布，即 $p(k) \sim k^{-r}$，此类网络也称为无标度网络（scale free networks）。无标度网络包括 Internet 网络、电影与电视剧演员合作网络、科学家合作网络、人类性关系网络、蛋白质互作用网络、语言学网络等[13]。这类网络的度分布均呈现无标度网络的特征，即大多数人物仅与少量的人相联系，而少数几个度值较大的人物与众多的人相联系。

网络中一个结点的发文量、点度中心度的大小、介数中心度的大小及接近中心度的大小之间可能存在某种相关性。我们计算两两之间的相关性，结果显示在

$p = 0.01$（双侧）上，任何两个变量之间均显著相关，具体数值如表 1-2 所示。该表显示：作者的发文量与合著人员的数量呈极强的相关关系，即多产作者通常有更多的合作者。而接近中心度与介数中心度的相关性较弱，相关系数仅为 0.274。

表 1-2　发文量、三个中心性指标的相关性分析

Pearson 相关系数	作者发文量	点度中心度	接近中心度	介数中心度
作者发文量	1.0	0.625	0.297	0.452
点度中心度	0.625	1.0	0.478	0.401
接近中心度	0.297	0.478	1.0	0.274
介数中心度	0.452	0.401	0.274	1.0

（2）网络的连通分支

连通分支是指网络的一个子网，在这个子网内，任意两个结点之间都至少存在一条路径。一个网络可能存在多个相互独立的连通分支。实证研究表明，对于大量的 Scale-free 网络，连通分支的规模（即子网的大小）通常符合幂律分布[13]。

类似于其他学科的作者合著关系网络，本章所构建的搜索引擎日志挖掘领域的作者合著网络也由多个连通分支构成，其中，最大的连通分支包含 398 个结点，第二大连通分支仅包含 15 个结点，随后结点的规模递减较快，约有 115 个连通分支只含有两个结点；除孤立点外，该网络包含近 400 个连通分支。

Nascimento 的论文显示 SIGMOD 的合著关系网络中有近 60％的结点被包含在一个连通分支中[7]；Liu Xiaoming 所构建的数字图书馆领域的合著网络最大连通分支包含 38％的结点[4]。而本章网络的最大连通分支只包含结点 20.2％，是一个比较低的数值，这表明在该领域内大规模的科研合作尚未开始，仍处于学科发展的初级阶段。某些小的连通分支结合紧密，如第二大连通分支是由清华大学马少平教授领导的科研团队，有 15 名成员，发表论文 20 余篇，自成一个小的连通分支，不与外界相连。

1.4.3　小世界网络的特征

在朋友关系网络中，一个人的两个朋友很可能彼此也是朋友，这种属性称为网络的聚类特性[13]。用数学化的语言来说，对于某个结点 i，它的聚类系数 C_i 被定义为与它所有相邻结点之间相连边的数目占可能的最大连边数目的比例。具体地，设结点 i 有 k_i 条边与之相连（即结点 i 有 k_i 个邻居），显然这 k_i 个结点最多有 C_{ki}^2 条边，假设这 k_i 个结点之间实际有 E_i 条边相连，则 $C_i = E_i/C_{ki}^2$；整个网络的聚类系数 C 就是所有结点聚类系数的平均值。

网络中两个结点 V_i、V_j 之间的最短路径定义为所有连通（V_i，V_j）的通路中，所经过的其他结点最少的一条或几条路径。两个结点 V_i，V_j 之间的距离 d_{ij} 定义为 V_i、V_j 之间最短路径上边的个数。网络的直径（diameter）定义为网络中任意两个结点之间距离的最大值。网络的平均路径长度定义为网络中任意两个结点之间距离的平均值；这是度量网络特征的一个重要的全局几何量。

对一个连通网络而言，如果它具有大的聚类系数和小的平均路径长度，则称该网络具有小世界网络的特征。在此，我们将合著关系网络中的最大连通子图（结点 398 个，边 1 155 条）取出，使用 Pajek 软件计算，结果显示其子网络的聚类系数为 0.79，平均最短路径长度为 7.9，网络的直径为 18。而相同结点数（398 个结点）与平均度（网络的平均度为 5.8）的随机网络[13]的聚类系数为 0.013，平均最短路径长度为 3.7，具体见表 1–3，这表明：搜索引擎日志挖掘领域的作者合著关系网络具有小世界网络的特征。

表 1–3　合著关系网络与随机网络的平均路径长度和聚类系数的比较

	结点数	边的总数	平均度<k>	平均路径长度	聚类系数
合著关系网络	398	1 155	5.80	7.9	0.79
随机网络	398	1 154	5.80	3.7	0.013

国际数字图书馆领域合著网络[4]的聚类系数为 0.89，最短平均路径长度为 6.58；SIGMOD 的合著关系网络[8]的聚类系数为 0.69，最短平均路径长度为 5.65；Newman 所构建的不同学科合著关系网络[3]中，最大的聚类系数也只有 0.72。本章所构建的合著关系网络的聚类系数数值较高，这揭示了：在搜索引擎日志挖掘领域，一个科研人员的合作者之间更有可能进行新的科研合作，较大的平均最短路径则揭示：不同的研究小组（或称科研团队）之间的交流并不多。

1.5　科研合作团队

在合著关系网络的最大连通子图中，若删除结点度为 1 的作者，则该网络迅速划分为若干个子网络，其中有三个聚集性较大的连通分支（凝聚子群，即科研合作团队）较为突出。如下，我们对这三个科研合作团队进行更为细致的分析。

网络中的第一大科研团队是以 Chen Zheng（陈正）和 Ma Wei-Ying（马维英）为代表的微软亚洲研究院团队；第二大科研团队是以 Ricardo Baeza-Yates 教授为领军人物的智利大学教授研究团队（Ricardo 教授所写的《现代信息检索》一书是信息检索领域的经典教材，此书的中文版由南开大学王知津教授翻译完成）；第三大科研团队是以美国匹兹堡大学 Amanda Spink 教授和美国宾西法尼亚州立大学的 Bernard J. Jansen 教授为代表的研究团队。

统计显示：这三个研究团队的发文量分别为 152 篇、81 篇和 70 篇，占整体论文数量 1/3 以上。对每个研究团队所发表论文的高频关键词进行统计，结果显示：排在前几位的高频关键词都是 Search engines、World Wide Web、Information retrieval、Query languages，可以称为该领域的标志性关键词。微软亚洲研究院所发表的论文中排序靠前的关键词还有 Algorithms、Data mining、Robot learning、Mathematical models、Database systems 等；智利大学的论文中排序靠前的关键词还有 Websites、Behavioral research、Computational methods、Knowledge management、Query processing、Data structures 等；Spink 与 Jansen 研究团队的论文排序靠前的关键词还有 Online searching、User interfaces、Information services、Problem solving、Behavioral research 等。

表 1-4 三个研究团队的主要特征

代表人物	Chen Zheng（陈正），Ma Wei-Ying（马维英）	Ricardo Baeza-Yates	Amanda Spink，Bernard J. Jansen
作者机构	微软亚洲研究院	智利大学	美国匹兹堡大学 宾西法尼亚州立大学
研究团队骨干人数	32 人	16 人	10 人
发表论文的数量	152 篇	81 篇	70 篇
研究团队的侧重点	以人工智能为主，包括：算法、数据挖掘、数学模型、数据库系统、自然语言处理技术等	以检索技术为切入点，包括：查询处理、用户行为、数据结构与算法、知识管理等	以用户检索行为的研究为切入点，包括：用户的搜索行为、查询语言的使用、信息服务等

根据研究团队的发文内容、词间的共现关系，以及几个领军人物的网上介绍

材料，我们初步揭示了这三个研究团队的基本特征，见表 1-4。微软亚洲研究院的研究工作以人工智能、数据挖掘为主要切入点，可完全归结为计算机技术领域；智利大学的研究工作以检索技术为切入点，可归结为信息检索技术领域；而 Spink 与 Jansen 可以看做图书馆与情报学中的用户行为研究领域。三个研究团队的论文风格与学科方向密切相关，存在较大的差异。

1.6 小结

本章针对搜索引擎日志挖掘这一新的研究领域，从 Web of Science 和 EI 数据库中抽取相关研究论文的部分题录信息，构造了作者合著网络，研究了网络的基本属性特征，发现了该领域中核心的研究人员与研究团队。本章的主要工作及其特点概括如下。

（1）在数据预处理阶段，我们所采用的作者合并方法未见其他文献报道。该方法是一种“机器+人工”的处理方法，在总结完善后，将来有可能成为一种比较好的作者归并方法。

（2）搜索引擎日志挖掘领域的作者合著关系网络整体较为稀疏、小连通分支的内部联系紧密、具有小世界网络的特征。微软亚洲研究院的 Chen Zheng（陈正）和 Ma Wei-Ying（马维英）处于整体网络的中心位置。

（3）该领域的研究论文呈逐年增长的态势，有三个研究团队表现较为突出，所发表的研究论文占论文总量的 1/3 以上，他们分别从计算机技术、信息检索技术、用户行为研究等三个不同的角度对日志数据进行挖掘，三者的研究方法存在一定的差异。

利用本章所构建的作者合著关系网络，还可以开展更深层次的研究工作，例如计算该网络各结点的 Author Rank 值、分析该网络的核心边缘结构，研究该网络的生成机制，等等。

参考文献

[1] 李晓明，闫宏飞，王继民．搜索引擎原理、技术与系统［M］．北京：科学出版社．2005.

[2] 林莉．科研论文合著网络结构与合作关系研究［D］．吉林大学硕士学位论文．2010.

[3] Newman M E J. Scientific collaboration networks（I）：network construction and fundamental

results [J]. Physical Review E. 2001, 64 (1): 1-8.

[4] Liu X, Bollen J, Nelson M L, et al. Co-authorship networks in the digital library research community [J]. Information Processing and Management. 2005, 41 (6): 1462-1480.

[5] Erman N, Todorovski L. Analyzing the Structure of the EGOV Conference Community [C]. // IFIP International Federation for Information Processing 2010. LNCS 6228. Berlin: Springer-Verlag. 2010: 73-84.

[6] 李亮，朱庆华．社会网络分析方法在合著分析中的实证研究 [J]. 情报科学．2008，26 (4): 549-555.

[7] Nascimento M A, Sander J, Pound J. Analysis of SIGMOD's co-authorship graph [J]. SIGMOD Record. 2003, 32 (3): 8-10.

[8] Ding Y. Scientific collaboration and endorsement: network analysis of co-authorship and citation networks [J]. Journal of Informetrics. 2011, 5 (1): 187-203.

[9] 孟微，庞景安．我国情报学科研合著网络研究及其特征参数分析 [J]. 情报理论与实践．2009，32 (8): 12-15.

[10] Nooy, W D., Mrvar A, Batagelj V. Exploratory Social Network Analysis with Pajek [M]. Cambridge University Press. 2005.

[11] 刘军．社会网络分析导论 [M]. 北京：社会科学文献出版社．2004.

[12] 王继民，王建冬，张鹏．我国数字图书馆研究论文（2005-2009）的统计分析 [J]. 数字图书馆论坛．2010 (3): 81-88.

[13] 吴金闪，狄增如．从统计物理学看复杂网络研究 [J]. 物理学进展．2003，24 (1): 18-46.

第 2 章　移动搜索研究的知识图谱分析

以国外的 Web of science 和 EI 数据库、国内的 CNKI 数据库收录的移动搜索领域文献为载体，在提取文献关键词、作者及机构等信息的基础上，本章综合利用统计分析、文献计量、社会网络分析、数据挖掘等多种科学知识图谱方法和工具，对国内外移动搜索领域的研究热点和科研合作网络等进行了对比研究和可视化展现。进一步分析显示，国内和国外的移动搜索研究几乎同时起步，国外的在各分支子领域的研究更加广泛和深入，在用户行为分析方面出现了几个稳定和高产的科研团体；而国内的研究以概念性的引入和宏观性的综述为主，稳定高产的科研团队较少。

2.1　引言

移动搜索是指在移动通信网络中，用户利用各种移动终端、通过多种接入方式（如 SMS、WAP、IVR 等）查找 WEB 或 WAP 站点上网页内容的一种信息搜索方式，是移动互联网的重要组成部分。近几年，移动搜索在国内外都呈现出强劲的发展势头[1,2]。成为移动运营商、手机终端厂商、互联网信息内容服务提供商和相关领域科研人员持续关注的热点，研究内容涉及多个领域，如移动通信、信息检索、自然语言处理、人工智能、人机交互等[3,4]。

利用科学知识图谱方法，本章对国内外移动搜索领域的研究热点、子领域、科研团队等进行全面的概括和分析。进行该项研究工作的意义包括如下三点：①移动搜索是一个新兴的、多学科渗透的交叉研究领域，整体性的文献计量和知识图谱分析不仅可以使研究者对该领域有宏观把握，还可以帮助该领域专家及时借鉴相关研究成果、了解相邻子领域的动态[5]；②对比国内外不同的研究热点和子领域，有助于学者发现我国该领域研究的优劣势，进而寻找新的研究切入点；③对研究团队的识别有利于学者之间的科研合作和学科之间的知识流动。

2.2　数据分析方法与工具

科学知识图谱（knowledge mapping）是以共现分析、词频分析、引文分析等文献计量方法为基础，以图像、图形的形式展现科学领域的发展历程、研究现状及热点前沿，并揭示科学知识之间的联系与知识发展规律的方法和工具。近年来，知识图谱广泛应用于各个学科的知识发现，并取得诸多的研究成果[5-8]。

本章主要使用的软件工具如下。①Pajek：是进行大型复杂网络的分析软件，可以进行上万个结点的可视化网络的绘制[9]，本章将基于社会网络分析方法，利用该软件进行关键词共现网络和作者合著网络的绘制。②Endnote：是一款文献下载、管理软件，可以支持主流数据库（如 SCI、EI、ABI 等）文献题录信息的下载、格式转换、保存和导出等。

2.3　数据获取与数据预处理

2.3.1　国外文献的获取与预处理

对于国外的研究文献，选取了 Web of Science（包含 SCI、SSCI、A&HC）和 EI（The Engineering Index）作为文献来源数据库。由于“移动搜索”是一个新兴的研究领域，“mobile search *”“wireless search”等少数几个专指词并不能完全覆盖领域内所有文献。为提高查全率，本章采用了引文珠形增长型的检索策略。该检索策略是从已知的少数几个专指词开始检索，得到若干篇文献，人工审阅这些文献，从中选出新的相关检索词，补充到检索式中，将这些词加入检索式之后，就能查出其他新的命中结果。不断重复进行上述过程，直到找不到其他适合包含于检索式的附加词为止[10]。依据该检索策略，本章最终检索式为：主题 =“mobile search *”OR“mobile Web search”OR“mobile visual search”OR“mobile media search”OR“mobile landmark search”OR“mobile social search”OR“mobile ringtone search”OR“mobile internet search”OR“mobile image retrieval”OR“mobile information retrieval”OR“wireless search”OR“wireless Web search”OR“wireless information retrieval”OR“cell phone search”OR“cell phone information retrieval”。打开词形还原，选择所有年份。经过检索，Web of Science

反馈 172 篇，EI 反馈 281 篇（检索时间点为 2012 年 8 月 23 日）。通过 Endnote 软件分别下载题录信息，所选取的字段包括“题名、作者姓名、作者机构、发表时间、发表期刊、关键词、摘要”等。

对数据所进行的预处理工作主要包括如下几点。①主题筛选：由于移动互联网和移动搜索是在 2004 年才逐步形成相对独立的研究领域，故在此之前发表的论文予以剔除。②论文去重：由于部分论文同时被 Web of Science 和 EI 收录，通过对比“题目”“作者”“发表时间”等字段，剔除重复的题录信息。③格式统一：为了方便后文的关键词和合作团队分析，这里进行大小写转换、同义词替换、作者的映射等处理。④将作者机构中包含“china”的 54 条题录剔除。至此共获得符合“移动搜索”主题的规范文献题录信息 250 条。

2.3.2 国内文献的获取与预处理

对于国内的研究文献，选取收录中文文献较为全面、比较有代表性的中国知网（CNKI）为来源数据库，同时将国内作者在 Web of Science 和 EI 中发表的 54 篇文献计入国内研究文献。在对 CNKI 检索时，检索式为：主题 = “移动搜索 OR 无线搜索 OR 手机搜索”；检索时间点为 2012 年 8 月 23 日。检索结果显示有相关文献 726 篇。需要说明两点：①由于研究术语的非统一性，在检索式编写中，本章特别注意了相似概念的全面覆盖；②考虑报纸文献的内容和期刊文献学术程度差异较大，且关键词、作者和摘要的著录并不全面，故在数据获取时，去掉了来自“中国重要报纸全文数据库”的文献，对 CNKI 检索获得题录 307 条，加上 Web of Science 和 EI 中收录的 54 条，共计 361 条题录。

2.4 基本统计结果

统计国内外移动搜索领域论文的年代分布，结果如表 2-1 所示。该表显示：①移动搜索领域发表论文的数量整体呈增长趋势。其中，文献数在 2007 年出现了较大幅度的增长，原因可能是：2007 年全球 3G 就已经呈现快速增长的趋势，3G 用户在欧美的普及率接近了 10%，尤其是美国的移动运营商大力推广无线互联网的增值业务[11]，这些都为移动互联网的发展奠定了基础。②国内在移动搜索领域的研究和国外几乎同时起步。③2008 年后，国内外关于该领域的研究成果趋于稳定。2011 年，国外研究成果呈较快增长态势，可能是与全球智能手机的普及及移动互联网技术的迅猛发展有较大关系。国内研究成果也有所增长，但是增长幅度不大。

表 2-1　国内外移动搜索领域历年文献数量

发表论文时间（年份）	2004	2005	2006	2007	2008	2009	2010	2011
国外论文数量（篇）	2	10	17	31	30	38	42	61
国内论文数量（篇）	19	19	45	66	49	41	45	49

2.5　基于关键词共现的知识图谱分析

2.5.1　关键词词频统计情况

（1）国外文献关键词词频统计。提取国外文献所有关键词，统计词频并排序，结果见表 2-2。该表显示"移动设备、手机、移动通信系统、GSM、无线网络、信号处理、互联网、万维网、搜索引擎"等为移动搜索领域的热点研究内容，这表明与传统 PC 搜索相比，移动搜索的特征主要体现在设备和通信方式上。从技术层面上，很多学者关注搜索技术的实现，如"算法、移动计算、查询语言、语音识别、计算复杂度、本体、元数据、信号处理"等。在应用层面，学者更加关注用户需求的体察，如"用户界面、人机交互、信息服务、基于地理位置的服务、行为研究"等。此外，"知识管理、信息管理、市场营销"与移动搜索的结合也引起了研究人员的关注。

表 2-2　国外移动搜索领域文献关键词的词频统计

排序	关键词	词频	排序	关键词	词频
1	mobile devices	60	16	mobile phones	13
2	information retrieval	51	17	human computer interaction	12
3	search engines	47	18	query languages	11
4	world wide web	33	19	telephone sets	11
5	user interfaces	30	20	information services	10
6	mobile telecommunication systems	28	21	knowledge management	10
7	portable equipment	28	22	ontology	9
8	global system for mobile communications	24	23	content based retrieval	9

续表

排序	关键词	词频	排序	关键词	词频
9	mobile computing	19	24	algorithms	9
10	mobile search	15	25	behavioral research	8
11	Internet	15	26	signal processing	8
12	telecommunication equipment	14	27	telephone	8
13	image retrieval	14	28	cellular telephone systems	8
14	wireless networks	13	29	multimedia systems	8
15	Websites	13	30	personal digital assistants	7

（2）国内文献关键词词频统计。提取国内文献所有关键词，为便于统计，将国内学者在 Web of Science 和 EI 中发表文献的关键词进行翻译，统计词频并排序，结果见表 2-3。该表显示："手机、移动设备、移动互联网、WAP、无线互联网、移动通信系统、互联网、搜索、信息检索"等为移动搜索领域的热点研究内容，表明国内研究热点主要体现在设备和移动互联网上。从技术层面上，很多学者关注移动代理技术，如"遗传算法、Aglet、移动代理、移动 Agent、J2ME"等。在应用层面，学者比较关注数据挖掘、相关反馈等移动搜索的基础应用。

表 2-3　国内移动搜索领域文献关键词的词频统计

排序	关键词	词频	排序	关键词	词频
1	移动搜索	65	16	搜索	6
2	搜索引擎	46	17	手机搜索	6
3	信息检索	23	18	移动代理	6
4	移动 Agent	19	19	WAP	5
5	手机	12	20	Agent	5
6	无线传感器网络	9	21	特征提取	5
7	图像检索	9	22	中国移动	5
8	移动互联网	8	23	互联网	5
9	移动设备	8	24	垂直搜索	5
10	本体	7	25	无线互联网	5
11	J2ME	7	26	无线应用协议	4
12	Aglet	7	27	Web 服务	4
13	数据挖掘	6	28	遗传算法	4
14	相关反馈	6	29	移动运营商	4
15	手机用户	6	30	移动通信系统	4

（3）对比分析。仅从关键词词频来看：①国内外在热点研究内容上基本相同，与传统 PC 搜索相比，既有移动搜索特有的内容，也有共同关注的内容，并突出了搜索的“移动”性特征。②在技术层面上，国外更为关注移动搜索技术的实现，研究比较全面、具体、深入；国内则停留在“移动代理”上，对具体的实现技术研究还不够。③在应用层面上，国外比较关注如何提高人机交互水平和提供更多的服务，国内的研究比较笼统。另外，国外在移动搜索领域引入了“知识管理、信息管理、市场营销”等概念。

2.5.2　关键词共现分析

共现分析方法最早是由法国国家科学研究中心的文献计量学家们于 20 世纪 80 年代提出来的。两个或者多个关键词在同一篇文章中同时出现称为关键词共现。通过描述关键词与关键词之间的关联与结合，可以揭示学术领域研究内容的内在相关性和学科领域的微观结构[12,13]。通过对关键词共现情况的分析，从而归纳出该学科或领域的研究热点。

（1）国外文献关键词共现分析。基于关键词共现分析的方法，利用软件分析工具 Pajek，同时结合 Java 编程，实现“国外移动搜索领域关键词共现网络”的绘制。在关键词共现网络中，点即代表某关键词，点与点之间的边则代表两个关键词在同一篇文献中出现等。按照文献［7］中的方法，构建关键词共现网络，简化后的网络结构如图 2–1 所示。

在图 2–1 中，结点圆圈的面积大小表示结点的度值；结点之间的边粗细程度表示共现次数。国外文献关键词共现网络由 6 个部分构成，即图中 A～F 对应的子网络。不同子网络代表不同的研究热点。子网络 A：研究人员对构建移动搜索服务的系统、移动信息资源的组织和如何提高用户体验等方面予以了关注。子网络 B：研究人员对图像的移动搜索进行了研究。子网络 C：针对无线网络的特点，研究人员开发了软件，以实现基于移动搜索的各项服务。子网络 D：针对如何使具有照相功能的移动设备如照相手机、平板电脑等产生的图像与现实进行匹配，从而实现可视化搜索的问题，研究人员对增强现实、虚拟现实的问题进行了关注。子网络 E：本体和语义网。子网络 F：语音识别和信号处理，主要用于实现移动设备的语音搜索功能。

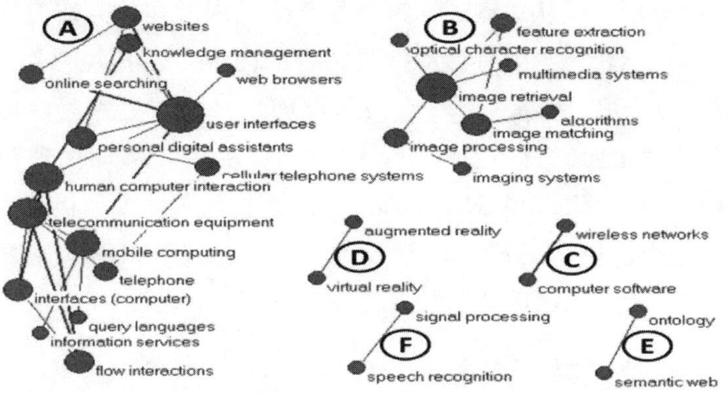

图 2-1　国外移动搜索领域关键词共现网络

（2）国内文献关键词共现分析。采用同样的方法绘制国内移动搜索领域关键词共现网络，如图 2-2 所示，该图显示：国内文献关键词共现网络由 6 个部分构成，即图中 A～F 对应的子网络。不同子网络代表不同的研究热点。子网络 A：国内研究人员关注构建移动搜索系统的各个环节，另外还有学者对移动搜索的商业行为进行了关注。子网络 B：国内研究人员针对手机 POI 搜索的优化和提高用户体验给予了关注。子网络 C：根据移动搜索的特点，研究人员对信息资源的组织方法进行了研究。子网络 D：研究人员对移动搜索的基础技术——移动代理予以了关注。子网路 E：移动搜索的具体算法。子网络 F：数据挖掘和聚类分析。

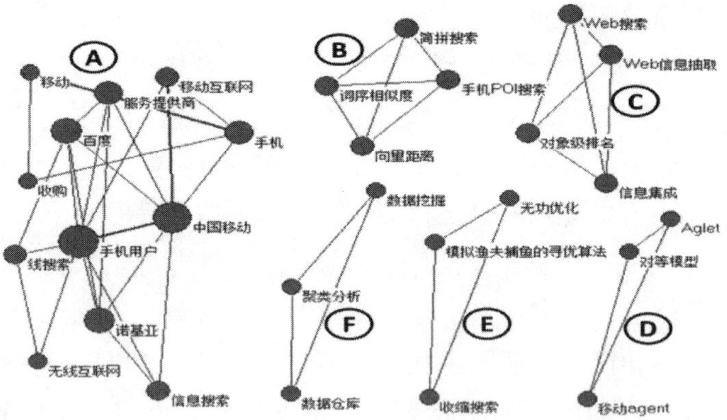

图 2-2　国内移动搜索领域关键词共现网络

（3）对比分析。仅从关键词共现来看：国外的研究范围更加广泛，从搜索技术到用户行为，从市场格局到运营模式。相对而言，国内的研究整体水平不高，现有的研究还大多停留在移动搜索概念的引入阶段和基础理论和技术，或者比较宏观的用户和市场描述，对具体的移动搜索技术改进、用户行为和市场运营探究较少。

2.6 基于作者合著的知识图谱分析

科研合作是科学共同体中普遍存在并日渐加强的一种互动方式。在每个科学研究领域都存在一定数量的科研小团体，他们在各自的领域进行有推进性的钻研，同时通过彼此合作进行知识的分享和传递；科研合作网络也是描述科研人员人际关系的网络，通过直观的网络呈现，可以帮助科研人员对领域内的科研合作及其分布有一个概括而清晰的认识，进而找到合作伙伴或发现研究前沿[5]。

2.6.1 国外文献作者合著分析

基于社会网络分析方法，利用 Pajek 并结合 Java 编程，实现“国外移动搜索领域科研合作网络”的绘制。在科研合作网络中，点即代表某个具体的科研实体，如作者、机构、国家等，而两个点之间的边则代表他们进行了共同的科研活动，如发表论文、出版专著、发明专利等。按照文献［7］中的方法，我们以作者为顶点，以作者之间合写论文为边构建作者合著关系网络，简化后的网络结构如图2-3所示。

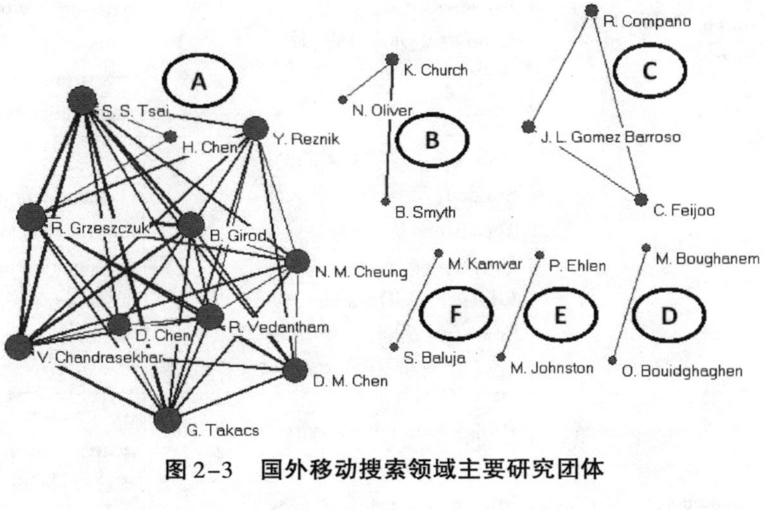

图 2-3 国外移动搜索领域主要研究团体

在图 2-3 中，每个结点代表一个作者，结点的度值越大，表现为结点圆圈的面积越大；结点之间的边表示两个作者进行了论文的合著，合著次数越多，边的权值越大，线条越粗。图 2-3 显示：国外移动搜索引擎研究领域已经出现了一批突出的、合作关系密切的研究合作团体，即图中 A～F 对应的子网络；每个研究团体都有一些相对核心的学者，如 S S Tsai，B Girod，K Chruch，C Feijoo，O Bouidghaghen，P Ehien，S Baluja 等人有较高的度值，分别是各自研究团队的核心和桥梁。

为深入了解这几个核心研究团队的信息，我们查阅了题录信息和相关论文的具体内容，如作者所在机构、主要研究方向等，汇总结果见表 2-4。该表简要地概括了几个科研团队的主要研究方向，并显示了科研合作团队的成员主要来自高校计算机学院、IT 公司、电信公司，以及高校和公司开展合作研究的团队；多数科研团队的研究兴趣涉及人机交互、数据挖掘、自然语言处理、人工智能等研究内容。

表 2-4　国外移动搜索领域几个核心研究团体概况

序号	代表人物	著者机构	团队人数	主要研究方向
A	Y Reznik,S S Tsai, R Grzeszczuk, N M Cheung,B Girod, V Chandrasekhar	Stanford University, Stanford, USA(美国斯坦福大学)	11	Content based retrieval, Mobile visual search, Image processing
B	K Church,B Smyth, N Oliver	University College Dublin, Ireland(爱尔兰都柏林大学)；	3	User interfaces, Human computer interaction,Behavioral research,Text processing,Query languages
C	J L Gomez Barroso, C Feijoo,R Compano	University of Gothenburg, Sweden(瑞典哥登堡大学) Tech Univ Madrid, Universidad Nacional de Educacin A Distancia, Spain(西班牙马德里技术大学和西班牙国立大学)	3	Telecommunication equipment,Mobile telecommunication systems,World Wide Web
D	O Bouidghaghen , M Boughanem	Paul Sabatier University, Univ Toulouse, France(法国保罗萨巴蒂尔大学和图卢兹大学)	2	Information management, Experimental evaluation, Behavioral research

续表

序号	代表人物	著者机构	团队人数	主要研究方向
E	P Ehlen, M Johnston	AT&T, USA（美国 AT&T 公司）	2	Interactive computer systems, Graphical user interfaces, Speech User interfaces, Learning systems
F	M Kamvar, S Baluja	Google Inc, USA（美国 Google 公司）	2	Human-Computer Interaction, Small Devices, Search Interfaces

2.6.2　国内文献作者合著分析

采用 3.6.1 节的方法绘制国内移动搜索研究领域的主要科研团队，结果如图 2-4所示。该图显示：国内移动搜索研究领域初步形成了一批合作关系密切的研究合作团体，即图中 A～F 对应的子网络；每个研究团体都有一些相对核心的学者，如 Yao H、Gao W、王雪、王知津、Yang J、Zheng J F、方金云等人有较高的度值，分别是各自研究团队的核心和桥梁。

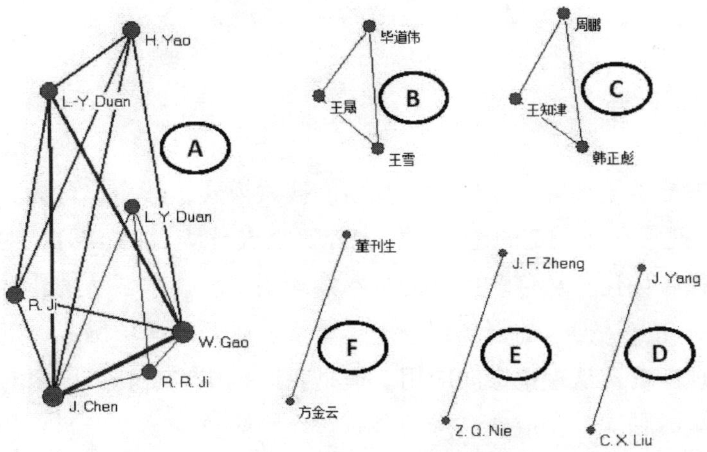

图 2-4　国内移动搜索领域主要研究团体

这几个核心研究团队所在的机构、主要研究方向等，汇总结果在表 2-5 中。整体来看，在该领域国内的核心科研团队还不多，各团队的发文数量不多，2～5

篇不等。个人独著论文占多数，中文文献研究也不够深入。该表显示，国内科研合作团队成员主要来自高校计算机学院和科研院所；公司与公司间合作以及院校和公司间合作较少。

表 2-5　国内移动搜索领域几个核心研究团体概况

序号	代表人物	著者机构	团队人数	主要研究方向
A	Yao H，Gao W，Chen J，Duan L Y，Ji R	北京大学	5	图像编码、信号处理、地理搜索等
B	王雪、毕道伟、王晟	清华大学	3	无线传感器网络、遗传算法等
C	王知津、周鹏、韩正彪	南开大学	3	信息资源和无线应用协议
D	Yang J，Liu C X	上海交通大学	2	图像匹配和图像检索
E	Zheng J F，Nie Z Q	北京邮电大学	2	信息集成，网络搜索对象级排名
F	董刊生、方金云	中国科学院	2	中文信息处理，简拼搜索

对比分析：从作者合著情况来看，国外已经形成几个比较稳定且高产的作者团队，他们来自各个搜索引擎公司、电信公司以及高校计算机、人机交互和图书情报实验室，他们的代表性文献被广泛引用；而国内比较核心的科研团队还比较少，目前主要是来自高校的经济管理和计算机专业，还有少部分学者来自图书情报领域。

2.7　小结

移动搜索是基于移动互联网的一种新的搜索模式，其用户行为、产业链构成都与传统 PC 搜索存在一定的差异。国内外研究人员从 2004 年开始对移动搜索的研究持续增强和深化，从移动搜索的基本概念到实现技术，从构建移动搜索系统到用户行为研究，从搜索的算法到基于移动搜索展开的各项服务，部分技术已经成熟，并实现运营，从理论走向应用。但是我们也应当看到，国内对移动搜索的研究还不够全面和深入，成熟高产的科研合作团队较少。

参考文献

[1] Google I O M. The Mobile Moment: Understanding Smartphone Users [EB/OL]. 2011, www. Google. com/think/insights.

[2] 易观智库产业数据库.2011年第4季度中国无线搜索市场季度监测 [EB/OL]. 2011, http://www. enfodesk. com/.

[3] Kim Y, Jeon S, Kim M. User needs of mobile phone wireless search: focusing on search result pages [J]. Human Centered Design, 2009: 446-451.

[4] Bouidghaghen O, Tamine L, Boughanem M. A diary study - based evaluation framework for mobile information retrieval [J]. Information Retrieval Technology, 2010: 389-398.

[5] 李雷明子. 基于日志分析的移动搜索用户行为研究 [D]. 北京大学硕士论文. 2012.

[6] 张鹏. 我国图书情报研究的知识图谱分析 [D]. 北京大学硕士论文.2010.

[7] 王继民, 李雷明子, 张鹏. 搜索引擎日志挖掘领域的论文合著网络分析 [J]. 现代图书情报技术, 2011 (4): 58-63.

[8] 刘则渊, 陈悦, 侯海燕, 等. 科学知识图谱: 方法与应用 [M]. 北京: 人民出版社.2008.

[9] Nooy W d, Mrvar A, Batagelj V. Exploratory Social Network Analysis with Pajek [M]. Cambridge: Cambridge University Press, 2005.

[10] 赖茂生, 赵丹群, 韩圣龙, 等. 计算机情报检索 (第2版) [M]. 北京: 北京大学出版社, 2012.

[11] 向文杰. 移动互联网发展的回顾与展望 [J]. 电信技术, 2009, 67 (001): 66-69.

[12] 刘则渊, 王贤文, 陈超美. 科学知识图谱方法及其在科技情报中的应用 [J]. 数字图书馆论坛.2009 (10): 14-34.

[13] 陈悦, 宋刚, 郑刚, 等. 中国创新管理研究的知识结构分析 [J]. 科研管理.2011 (2): 10-19.

[14] 姜春林, 杜维滨, 李江波. 经济学研究热点领域知识图谱: 共词分析视角 [J]. 情报杂志, 2008, 27 (9): 78-80.

[15] 曹玲, 杨静, 夏严. 国内竞争情报领域研究论文的共词聚类分析 [J]. 情报科学, 2010 (6): 923-925.

第3章 移动搜索用户行为研究进展

移动搜索用户行为研究是移动互联网和搜索引擎技术领域的研究热点之一。本章在对国内外相关研究进行系统梳理和归纳总结的基础上，综述了基于日志挖掘的移动搜索用户行为研究的最新进展，主要包括：移动搜索的特点和研究方法；基于日志挖掘的移动搜索用户行为研究流程、主要特征指标、技术方法、主要实证研究结果；对比分析了不同移动搜索用户行为特征的异同点等。

3.1 引言

随着移动通信技术的快速发展和移动终端的优化升级，越来越多的用户选择从移动终端接入互联网并进行信息检索，以满足随时随地产生的信息需求。移动搜索是指在移动通信网络中，用户利用各种移动终端、通过多种接入方式查找Web或Wap站点上网页内容的一种信息搜索方式。移动搜索发展势头强劲，到2012年12月底，我国手机搜索用户规模达2.91亿，较2011年增长了32.0%，使用率达69.4%[1]。

与传统桌面网络用户（或称PC用户）类似，移动互联网用户也进行登录、查询、浏览、点击、下载、退出等一系列操作；不同的是，移动用户的设备（如手机）更加私人化和固定化，所接入的无线网络可以定位其所在的地理位置，便于搜索本地信息。终端设备、网络环境、搜索情景的诸多不同，导致了移动用户的信息需求、任务驱动和PC端用户存在一定的差异[2]，如移动用户所搜索的信息内容与所处的位置高度相关、搜索时间具有碎片化的特征等。基于日志挖掘的移动搜索用户行为研究，已成为移动互联网领域的研究热点之一。

本章试图对移动搜索的概念和特点，基于日志挖掘的国内外最新研究成果、所使用的技术方法及其用户行为特征进行系统的梳理、总结和对比分析。

3.2　移动搜索及其特点

移动搜索是移动互联网与搜索引擎技术结合的产物。其中，“移动”强调的是基于移动通信网络的方式（包括2G、3G、Wi-Fi等），而“移动终端”是指可以在移动和无线环境中使用的电子设备，广义地讲，包括手机、笔记本、平板电脑、PDA、POS机甚至车载电脑；但狭义地讲，是指传统手机（非智能机）或者具有多种应用功能的智能手机（如iPhone）、PDA及类PDA工具（如iPod）、平板电脑（如iPad）等。“手机搜索”、“手机移动搜索”的相关提法通常就是在移动搜索概念中把移动终端限定为手机。我们可以把“手机搜索”理解为移动搜索的概念子集。在相关外文文献和报告中，“移动搜索”一般等同于“mobile search”“mobile information retrieval”“wireless search”“cellphone search”等概念名词。文献[3]认为，移动搜索引擎是建立在传统搜索引擎基础上的、和移动通信技术融合的、以适应移动互联网发展的搜索引擎。据此，移动搜索引擎可以定义为：根据一定的策略、运用特定的计算机程序从传统互联网和移动互联网上搜集信息，对信息进行组织和处理，为移动用户提供检索服务，并通过移动网络传输将相关的信息反馈给用户的系统。

作为传统PC搜索在移动端的延伸，移动搜索处理信息资源的过程和传统PC搜索有较大的相似性，均包括信息收集、信息处理和用户查询三个阶段[4]。广义上讲，“移动搜索行为也是信息资源管理的一种形式，是用户通过各种途径满足信息需求的一种途径”[5]。但是，在信息来源、网络环境、设备终端和用户需求等方面，移动搜索有其自身的特点，主要包括：①在信息源方面，移动搜索的信息源非常广泛，不仅包括传统互联网和Wap站点上的海量信息，还包括用户的当前位置信息，这些信息由内容提供商组织，并由各类搜索引擎服务提供商进行抓取和索引；②在网络环境方面，移动搜索程序通过无线网络接入互联网，一般按流量向用户收取资费；③在终端设备方面，最终的信息结果通过手机、平板电脑等移动设备反馈给用户，移动终端屏幕小、系统简单、输入不够方便；④在市场结构方面，移动搜索市场主体不仅包括传统互联网中常见的搜索引擎服务公司和信息内容提供商，还包括移动运营商、终端设备商、广告商等，而主体之间并不“各司其职”，而是尝试在产业链中通过前向一体化或后向一体化的方式占据更多的资源；⑤在用户行为方面，根据现有的研究报告，移动搜索用户行为表现为搜索时间碎片化、搜索内容随机性和即时性、搜索需求和附近地点高度相关等。

按照研究方法的不同，移动搜索用户行为研究可分为两大类：一是运用问卷调查、用户访谈、实验观察和日记研究（diary study）的方法研究移动用户的搜索行为，还原移动用户的搜索过程和情景，量化处理后可以验证相关假设、构建用户行为模型。所得到的结论不仅可以丰富用户信息行为研究的成果，还可以帮助各大商业搜索引擎公司和网站改进产品和服务。但实验和访谈的样本数量有限，这使得结论不可避免地包含一定的主观性，问卷和访谈脚本的设计也直接关系到结论的可靠性和实用性。二是通过日志挖掘方法直接分析用户与系统交互的日志记录，经过数据抽样、数据预处理、模式发现、模式评估等步骤进行用户行为建模，日志分析的结果可以有效理解用户意图和行为模式，改进系统性能与设计。

3.3 移动搜索用户行为研究框架

3.3.1 主要量化指标

对移动搜索日志的分析与挖掘可以有多个层面，每一层面都包含多项统计指标和多种方法。根据现有研究文献，我们将移动搜索日志分析的各项指标及其之间的关系进行归纳和整理，结果如图 3-1 所示。

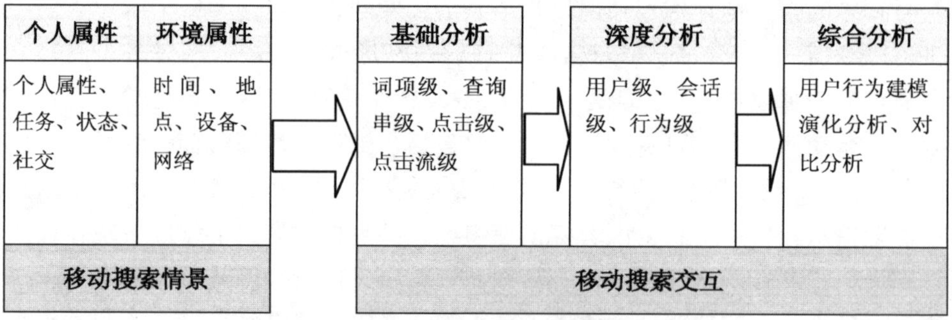

图 3-1　移动搜索日志分析的主要指标

按照“研究层级”的不同，移动搜索的日志分析依次可以划分为基础分析、深度分析和综合分析。基础分析的指标是用户日志的基础数据项，主要包括词项（term）、查询串（query）、浏览中的点击（click）和点击流（clickstream）的基本统计与分析；深度分析是在基础分析之上，以独立用户（user）和独立会话（session）为单位进行统计分析，分析的内容为一系列基础数据的集合；综合分析更复杂一些，加入模型和对比，如移动搜索和传统 PC 搜索模式的对比分析；智能手机用户、非智能手机用户和平板电脑用户的信息行为的对比分型；以及随着移动搜索的普及，不同年份之间数据特征的对比分析等。

（1）词项级（term）：对移动用户在查询中输入的“单个词”进行统计分析。包括词语本身、多语言混合使用和词汇误拼写等[6]。例如，统计每个单词包括的字数，并绘制分布图，统计中文和外文及混合输入的分别占比等。

（2）查询串级（query）：查询串是指用户一次性在搜索框中提交的字符串集。查询串分析一般包括：①查询串长度（length of query）：查询串中包含的 term 的个数；查询串包含 character 的个数；考察输入字符串长度和输入时间的关系、查询串的字节数等。②高级查询的比例（boolean queries），如包含“AND、OR、NOT”的字符串的比例和内容特征。③查询串多样性（query diversity）：统计不同查询串（unique query）数量占总查询串数量的比例；抽取被查询频次前 N 高的 TOP－N 查询串，生成它们的频率累积图；统计查询串重叠（query duplicate）出现的次数，观察得到的图形是否服从幂律分布；引入指标 entro－percent[7]，利用信息熵的原理来定量考察一个用户在所有查询会话中意图的多样性。④查询内容和主题（query topic）：对出现次数前 N 的不同查询串，按主题进行分类。主要有两种分类方法：人工分类和机器自动分类。其中，类别的选择可以参照传统 PC 搜索日志挖掘研究中的主题分类，方便进行对比研究；也可以按照“导航型、信息型、事务型”对查询串分类，考察不同类型查询串的比重。⑤语音查询串（voice query）：考察语音输入的查询串的长度、内容特征等。

（3）点击级（click）：考察移动用户在搜索过程中点击的 URL 的特征。比如结果列表（result list）中前 N 个反馈结果的点击分布特征、用户在一个会话中的总点击次数及其分布等。

（4）点击流级（clickstream）：也称为路径分析，用以发现移动用户点击链接的规律，以及用户在页面之间的跳转情况。其分析项包括：查询和浏览转化率、引用来源的比例、高频点击路径等。点击率分析可以揭示用户兴趣路径，进而优化 Web 站点的拓扑结构。

（5）用户级（user）：在一段时间内（比如一个月、一周或者一天，根据数据源来划定），以用户为统计单位进行相应的分析。具体包括：①分析不同时间段用户的访问量、查询量和浏览量，如平均每天提交的查询（浏览）次数、平均查询（浏览）时长、查询（浏览）时间分布和查询（浏览）内容等。②进行用户细分。如根据新老用户区分、根据地理位置区分、根据终端设备区分等。对于移动搜索，不同的终端设备可能导致不同的用户行为[8]。

（6）会话级（session）：同一会话中可能包含一个或多个查询串，或者包含一个或多个点击。统计移动搜索会话中提交查询（query）的个数、包含主题（topic）的个数、持续时间、发送字节数、查询修正（query modification）的次数等数据的分布规律及其特征。

（7）行为级（behavior）：在更大范围、更加宏观的角度考察用户的操作情况，对日志数据可用“不同的操作”作为分类方法，可以建立在会话、用户等基础之上。主要有三种分析方法。方法之一：根据日志的不同，把行为分为“查询行为”和“点击（浏览）行为”，并考察这些行为持续的时间、操作的内容等。方法之二：根据点击 URL 中文件的不同（或者访问页面的不同），把用户的行为分为登录、浏览、查询、下载、退出几种。方法之三：根据网站或者搜索引擎用户界面布局、根据“分析挖掘的目的”来区分行为。

（8）用户行为建模（model）：基于上述层级的分析结果，可进一步利用各种数据挖掘的模型和算法提取有意义的结论，如“用户兴趣路径”、“用户高频检索主题”等，同时可以加入时间、地理位置和终端设备等变量，深入分析用户行为意图和环境，进而构建用户的行为模型。

（9）演化分析（evolution）：移动搜索的发展历史虽然不长，但是从技术水平到用户习惯都在快速发生着变化，可以从更宏观的视角考察不同时段之间移动搜索行为的变迁。

（10）对比分析（contrast）：在上述各层级的分析过程中，可以进行多维度的对比分析，如提取同数据源中的桌面搜索数据，对移动搜索和传统 PC 搜索的各个方面进行对比；对不同地域用户的搜索行为进行对比；对使用不同设备的用户行为进行对比；对使用不同搜索方式和搜索软件的用户进行对比。

（11）搜索情景（context）：由于移动搜索更依赖于搜索的情景（search context），在日志分析的过程中，各种环境变量可以渗透到上述各级分析当中。文献［9］的研究显示：用户的使用情景（use context）对用户的互联网行为影响显著。而用户使用情景的信息（contextual information）又可分为两个维度：用户的个人属性信息（personal context element）和用户的环境属性信息（environment context element）。

3.3.2　分析流程

结合现有的移动搜索用户日志分析可以发现，移动搜索日志分析的研究流程和通常的数据挖掘流程类似，包括“数据抽样、数据预处理、分析挖掘、解释评估”等步骤。具体来说，首先根据日志分析的需要，对原始的日志数据集进行数据抽样，得到某一时间段内用户与系统交互的数据；然后对日志数据进行数据清洗、集成、用户与会话识别等数据预处理，得到结构化的数据文件；随后，利用多种数据挖掘方法从不同维度进行分析；最后，通过数据检验、实用性评估和可视化展现，抽取出具有解释用户行为意义和实用性的规则模型，并应用于移动搜索系统功能的改善和用户体验的提升。

在对移动搜索日志数据进行数据预处理和用户会话识别时需注意两点，一是抽取“客户端代理”（user-agent）所包含的所有数据项信息，如：移动终端浏览器、移动终端操作系统、手机型号等信息。二是用户会话的时间间隔不宜太大，至多采用“IP+15 分钟”来划分一个移动搜索会话。这是由于移动用户搜索时间的碎片性特征更为显著[10,11]。

3.3.3　主要分析方法

目前搜索日志分析主要采用 Web 使用记录挖掘及自然语言处理中的一些技术和方法，包括：统计分析方法、建模分析预测、序列模式发现、关联规则挖掘、聚类分析等。

（1）统计分析方法

利用统计学方法对用户日志中的各种属性信息进行统计分析，包括数据序列的中值、平均值、标准差等基本数字特征的计算，这也是移动搜索用户日志分析中最常见和最基本的方法。如用户会话的长度、时间间隔、用户输入查询项的个数、用户查看结果页面的个数、用户平均点击 URL 的个数等。

（2）建模分析预测

针对整个数据集合的建模分析是一个高层次和全局性的描述。例如，不同搜索日志分析都显示：用户的查询、点击 URL、查看结果页面的频次频级分布通常具有 Power-law 的特征；查询过程中不同查询串和不同用户点击的数量满足 Heaps 定律。

在移动搜索领域，网络资源的大小、资源的流行性、用户请求到达的时间间隔等都具有 power-law 分布特征。这是一个“严重拖尾”的分布，相比于一般的指数分布，其尾部的衰减速度要慢得多，具有无穷大的均值和方差。

（3）序列模式发现

序列模式发现是研究如何从用户对系统访问记录中发现相对时间或者其他顺序出现的模式或者高频率子序列。例如，王继民等[12]将用户的查询量、点击量、不同 IP 访问量分别看成是按时间顺序排列的随机变量序列，利用时间序列的分析方法，分别建立了北大天网用户的查询量模型、点击量模型和不同 IP 用户的访问量模型，并用以用户访问情况的分析和预测，该方法同样适用于移动搜索用户行为的建模分析。

（4）关联规则挖掘

关联规则挖掘用以发现日志数据中各种项集之间的有趣关联或相互关系，常选用支持度（support）与置信度（confidence）来度量一个规则的有用性和确定性。Fonseca 等提出了利用关联规则确定相关 Web 查询的方法，该方法同样可以用于发现移动搜索用户查询主题之间的一些关联，如基于位置的移动搜索用户查询主题之间的相关性研究等，这些结果可用于用户查询内容的预测。

（5）聚类分析

与传统日志分析类似，聚类分析的目的是将具有相似特征的移动搜索用户、查询串或者点击 URL 进行分组，使得组内的对象具有较高的相似度，不同组中的对象差别较大。常见的聚类方法包括：基于划分的、层次的、自组织特征映射(SOM)、遗传算法等。

3.4 移动搜索用户行为实证研究

3.4.1 主要的实证研究工作

在过去的十几年中，基于日志对传统网络用户行为进行实证研究成果较多，如 Jansen、Spink、Silversten 等分析了 Excite、AltaVista 等大规模搜索引擎的用户日志[13,14]，马少平、刘奕群、王继民等研究了以中文用户为主的搜狗和天网搜索引擎的用户日志[15-17]，刘颖等研究了 Web 日志数据预处理方法和用户访问路径的提取[18]，张卫丰等基于用户查询日志分析了查询语义之间的相关性[19]，Xiang B 等分别就点击、查询串和查询主题提出基于情景的网页搜索的排序原则[20]。Hu B 等改进了模仿用户检索行为的动态贝叶斯网络模型[21]。Liao Z 等提出了从用户的查询日志中抽取查询任务的一种有效方法[22]。

近几年，移动搜索日志挖掘领域出现了一批有影响的研究团队和研究成果。可大致分为四类：①以 Kamvar 和 Baluja 为代表，针对 Google 移动用户日志的分析；②以 Baeza-Yates 和 Jeonghee Yi 为代表，针对 Yahoo！移动用户日志的分析；③以 Church、Smyth 等为代表，针对欧洲移动搜索用户日志的分析；④以 Alia Amin 等为代表的结合用户所在情境的移动搜索日志分析。具体如下。

（1）对 Google 移动搜索日志的分析

Google 实验室的 Kamvar 和 Baluja 等基于 Google 用户日志先后发表了三篇重要的文献。其中，文献［23］的分析对象为 2005 年的两批 Google 日志，分别为普通手机检索日志和 PDA 终端检索日志。他们分析了超过一百万条的页面请求记录，研究了移动查询字符串的长度、查询内容、查询串与移动设备之间的关系等。文献［24］继续对 2007 年的 Google 移动搜索用户行为进行了分析，并选取了同样规模的日志数据，研究显示：用户的移动搜索行为沿着和传统 PC 搜索行为初期类似的发展轨迹变化。随后，在 2009 年他们把搜索终端分为传统手机、iPhone 和传统 PC 三类，对三类设备用户的搜索模式进行了详尽的对比[7]，结果显示：高端手机（如 iPhone）和 PC 的搜索行为更加接近，但移动搜索仍然是在没有 PC 情况下的替代性搜索方式。

（2）对 Yahoo！移动搜索日志的分析

对 Yahoo！Mobile 数据的研究也有三篇比较经典的文献。Modern information retrieval 一书的作者 Baeza-Yates 在文献［25］中研究了一个比欧美更加成熟的用户群——日本移动搜索用户，其数据集为 2006 年手机终端与雅虎日本（Yahoo！One-search）移动搜索服务器的一批交互数据，该研究把来自移动端的一百万个查询串和来自传统 PC 搜索的十万个查询串进行了对比分析。一年后，Jeonghee Yi 等发表了另外一批雅虎移动搜索日志的分析结果[26]，这批日志包括美国、加拿大、欧洲和亚洲用户提交的近两千万条英文搜索样本。作者比较了美国和其他国家用户的搜索模式，同时也比较了用户在不同搜索应用中的行为特点。延续性地，Jeonghee Yi 在 2011 年发表了对 2010 年 Yahoo！日志的跟进调查[27]，同样发现用户的查询主题更加多样化，证实了移动搜索用户行为沿着传统 PC 搜索的轨迹发展。比较有特色的是，作者抽取了一些语音搜索的样本，发现移动语音搜索的查询串更长，描述性更加丰富。

(3) 对多个移动搜索引擎日志集合的研究

Church 等所选择的数据集比较有特色，它不是来自单一搜索引擎，而是来自欧洲某移动运营商（mobile operator）的事务日志（transaction log），不仅包含单纯的用户查询行为，还包含了与查询相关的浏览和点击行为。文献［8］分析了 2005 年某一天的 60 万个手机用户的使用情况，特别关注了用户和 30 多个不同的搜索引擎的交互记录。该文把移动搜索用户的行为分为“信息查询行为”和“信息浏览行为”，并加以对比分析，同时对用户提交的查询串进行了深度分析，研究了用户在一个会话中是如何修改查询串的。随后，在 2008 年，他们继续对欧洲的移动搜索引擎海量用户日志进行探究[28]，通过与前期研究对比，他们认为移动搜索还处在发展的早期，搜索体验并不尽如人意。此外，他们对用户的搜索点击分布进行了较多的统计。2011 年 Church 等对基于手机门户搜索引擎（portal-based mobile search）用户行为进行了分析[29]，结果显示：用户在门户搜索引擎中提交的查询串更富多样性，包含具体网址的导航类查询所占比例更高。

(4) 基于位置情境的移动搜索日志分析

比较突出的成果是由 Alia Amin 等所做的一项实验性研究工作[30]，该实验同时使用了日志分析和用户调研两种方法开展研究，共有 12 名用户参加。通过特定的日志工具（Web-Based Diary Tool）搜集数据，包括 Google 移动搜索日志数据、移动用户位置信息和用户调查数据。研究显示：基于位置的查询内容共包括 6 大类，分别为商家名称（business name）、商业类型（business category）、地名（location name）、活动名称（event name）、产品或服务名称（product or service）和网址（web address）。进一步，①查询需求的分析结果为：67.7％的查询需求表现为简单查询，即仅包括一种查询内容，其中商家名称占 22.9％，包含地址信息的 URL 查询占 12.1％；32.3％的查询需求为详细查询，即由多种查询内容组成，“商家名称+地名”占比为 13.0％。②查询主题的分布为：零售类占 27.0％（电子产品店、家具店、书店等），饮食类占 24.5％（餐馆、酒吧、咖啡厅等），娱乐类占 13.7％（电影院、剧院、演唱会等），交通运输类占 10.3％（火车、汽车、地铁、出租车等）。③查询任务的分析结果为：42.7％的查询为事实查询（fact finding），即寻找某一具体的信息，如查询某个电话号码；43.8％的查询为信息收集查询（information gathering tasks），如为是否买一件衣服查询价格信息。④情境分析的结果为：超过四分之三的用户查询是在他人陪伴时提出的，甚至某些查询是集体信息需求，这和用户的社交活动密切关联。移动搜索使得用户的即时信息搜索变得简单，也培养了用户随时随地搜索的习惯。

相关研究还包括 Richard Schaller 等[31]对特定休闲活动情境中移动用户的搜索行为研究，所分析的数据为：在 2011 年的慕尼黑博物馆的 Long Night 活动中，用户与为此活动定制的一款手机 APP 搜索系统的交互日志。

3.4.2　用户行为特征的比较

结合移动搜索用户日志挖掘的主要特征指标，对比分析国外三大移动搜索研究团队的主要研究成果，结果如表 3-1 所示。其中，文献［7］、［23］、［24］展示了美国用户使用 Google 移动搜索的行为特征；文献［25］～［27］为多个地区 Yahoo！搜索的用户行为特征；文献［8］、［28］、［29］为非单一搜索引擎的移动用户特征。从表 3-1 可以看出，尽管搜索入口、日志数据集的大小、设备终端各不相同，但移动用户的搜索行为存在一些共有特征。

（1）移动搜索查询串的多样性较低，并呈现逐年上升的趋势，即移动用户搜索不同查询串的分布向扁平化的方向发展。

（2）移动搜索的查询内容有其自身的特点。主要表现在：搜索内容中导航型（navigational，即用户查找指定的站点和主页）、信息型（informational，特定页面内容可以满足用户的信息需求，如人名、路线、天气等）较多，而事务型（transactional，带有探索性质，进入某一服务入口，进行下一步访问，如下载等）非常少。搜索主题中，成人和娱乐内容比例较高。用户提交 query 的表述比较明确。

（3）移动搜索会话平均包含的 query 较少。可能的原因是：用户希望进行快速的事实性信息搜索，满足信息型搜索需求后即离开。用户输入难度略大，在一个会话中用户提交相同 query 的比例非常高，这可能是终端屏幕小，用户需要不停地翻页造成的。

（4）移动搜索用户的结果点击比较稀疏。可能的原因是：移动信息资源不如传统互联网丰富，用户没有看到满足需求的锚文本；或者是由于移动搜索结果的优化效果较好，很多结果经过“富摘要”（rich snippets）处理，使得用户在点击之前已获得所需要的信息，导致“好的点击放弃”（good abandonment）[32]。

（5）不同地区的移动搜索行为有较大差异。如美国用户比欧洲和亚洲的用户查询串更长，所使用的词项更多。

表 3-1　基于不同移动搜索日志的用户行为特征比较

文献编号	23	24	7	25	26	27	8	28	29
用户地区	美国	美国	美国	日本	美、欧、亚	美国	欧洲	欧洲	西班牙
搜索入口	Google	Google	Google	Yahoo!	Yahoo! （三种入口）	Yahoo!	超过 30 个 搜索引擎	35 个 搜索引擎	Portal-based 搜索引擎
数据集时间	2005 年 一个月	2007 年 一个月	2008 年 35 天	2006 年	2007 年 两个月	2010 年 两个月	2005 年 某一天	2006 年 七天	2009 年
用户数	—	—	30 000	—	—	—	600 000	260 000	235 000
请求数	1 000 000 page -view	1 000 000 page-view	1 000 000 request	—	40 000 000 page-view	10 000 000 request	30 000 000 request	6 000 000 request	1 400 000 request
query 平均包含词数	2. 3(XHTML) 2. 7(PDA)	2. 56	2. 44(mobile)； 2. 93(iPhone)；	2. 29	2. 35(U. S.)； 2. 1(International)	2. 23(typed)； 3. 41(voice)	2. 06	2. 2	1. 6;2. 5 (unique query)
query 平均包含 character 数	15. 5(XHTML)； 17. 5(PDA)	16. 8	15. 89(mobile)； 18. 25(iPhone)	7. 79	13. 7(U. S.)； 13. 6 (International)	14. 66(typed)； 21. 21(voice)	—	13. 8	10. 6;16. 8 (unique query)
querytopicc 查询串主题 排名前三的 内容	adult; entertainment; lifestyle& communication	adult; entertainment; Internet/ telecommunication	adult; telecommuni- cation; internet	sport; on- line shop; movies	entertainment; music;movies;	entertainment; locate;retail	adult; multimedia; email& messaging &chat	adult; email& messageing& chat;search& finding things	socialization/ dating;search/ finding things; adult
设备终端 排序	Google XHTML; PDA;PC	Google XHTML; PDA;PC	PC 电脑; 传统手机; iPhone	各种移动 设备	各种移动设备	手机; 语音输入手机	各种手机	各种手机	各种手机

（6）不同搜索入口的移动搜索行为有一定差异。Google移动用户输入的查询串平均更长；Yahoo！的Wap平台用户更倾向搜索娱乐财经信息，但Yahoo！SMS短信平台用户会更多关注运动与体育类信息。

（7）不同移动终端设备对用户行为有较大的影响。移动设备屏幕小、输入不方便已成为移动搜索最主要的约束条件。随着移动终端的智能化和大屏化，这些影响因素将逐渐衰弱，例如，高端手机（如iPhone）的用户行为和传统PC搜索更加接近。

（8）移动搜索和传统PC搜索有很多共性，如查询串都比较短、绝大部分点击集中在前几页。移动搜索在“进化”过程中经历着和传统PC搜索相似的过程，目前移动用户的搜索行为和早期Web搜索引擎起步时的用户行为类似，但改变速度更快。

3.5　小结

用户日志记录了用户与搜索系统交互的整个过程，基于日志发现用户的行为特征与规律，可以有效地改进移动搜索系统的性能并提升移动搜索服务的质量。从事该领域的研究工作需要用到信息科学、计算机科学、数据挖掘、人工智能、人机交互、教育心理学、认知科学等方面的知识。就目前公开发表的学术论文来看，我国在实证研究方面的研究成果较少。

在对国内外相关文献进行系统梳理与归纳的基础上，本章阐明了移动搜索的概念与主要特点，并与PC搜索的用户行为特征进行对比分析；提出了基于日志挖掘的用户行为研究框架，包括主要量化指标、分析流程与主要分析方法；对相关研究成果进行了分类总结，包括来自Google、Yahoo！和欧洲运营商的移动搜索日志数据的实证研究以及基于位置情景的移动搜索用户行为研究成果。本章所综合的研究成果对移动搜索系统与Web电子商务站点的改进，以及类似移动用户日志挖掘具有一定的参考价值。

随着移动用户数量的快速增长，移动搜索日志挖掘已成为用户行为分析领域的一个研究热点。数据的难获取性是影响本领域发展的主要因素之一，而如何利用日志挖掘的结果进一步改善移动搜索系统的性能是一个需要重点研究的问题，综合利用多领域知识对移动用户日志进行深度挖掘仍有许多挑战性的工作要做。

参考文献

[1] 中国互联网络信息中心．第 31 次互联网统计报告 [EB/OL]. 2013, http://www. cnnic. com.

[2] Bouidghaghen O, Tamine-Lechani L, Boughanem M. Dynamically personalizing search results for mobile users [J]. Flexible Query Answering Systems, 2009: 99-110.

[3] 张金增，孟小峰．移动 Web 搜索研究 [J]. 软件学报．2012, 23 (1) 46-64.

[4] 李晓明，闫宏飞，王继民．搜索引擎—原理、技术与系统（第二版）[M]. 北京：科学出版社，2012.

[5] 王知津，韩正彪，周鹏．网络信息移动搜索的结构框架与技术机理探讨 [J]. 中国索引，2011, 9 (1): 10-14.

[6] 王继民，李雷明子，孟涛．Web 搜索引擎日志挖掘研究框架 [J]. 数字图书馆论坛，2011 (8): 25-31.

[7] Kamvar M, Kellar M, Patel R, et al. Computers and iphones and mobile phones, oh my!: a logs-based comparison of search users on different devices [C].//Proceedings of the 18th international conference on World wide web, ACM. 2009.

[8] Church K, Smyth B, Cotter P, et al. Mobile information access: a study of emerging search behavior on the mobile Internet [J]. ACM Transactions on the Web (TWEB), 2007, 1 (1): 4.

[9] Lee I. , Kim J. Use contexts for the mobile internet: a longitudinal study monitoring actual use of mobile internet services [J]. International Journal of Human-Computer Interaction, 2005, 18 (3): 269-292.

[10] Silverstein C, Marais H, Henzinger M, et al. Analysis of a very large web search engine query log [C].//ACm SIGIR Forum, ACM. 1999.

[11] Kim Y, Jeon S, Kim M. User needs of mobile phone wireless search: focusing on search result pages [J]. Human Centered Design, 2009: 446-451.

[12] 王继民，彭波．搜索引擎用户访问量模型 [J]. 计算机工程与应用，2004, 40 (25): 9-11, 30.

[13] Spink A, Jansen B J, Wolfram D, et al. From e-sex to e-commerce: web search changes [J]. Computer, 2002, 35 (3): 107-109.

[14] Beitzel S M , Jensen E C, Chowdhury A, et al. Hourly analysis of a very large topically categorized web query log [C].//Proceedings of the 27th Annual International ACM SIGIR Conference on Research and Development in Information Retrieval, ACM. 2004.

[15] 余慧佳，刘奕群，张敏，等．基于大规模日志分析的网络搜索引擎用户行为研究［C］．第三届学生计算语言学研讨会．2006.

[16] 王继民，陈翀，彭波，等．大规模中文搜索引擎的用户日志分析［J］．华南理工大学学报（自然科学版），2004，32（S）：1-5.

[17] 马少平，刘奕群，刘健，等．中文搜索引擎用户行为的演化分析［J］．中文信息学报，2011，25（6）：90-97.

[18] 刘颖，彭赓，吕本富，等．基于 Web 日志的用户访问路径提取与分析［J］．情报学报．2009，28（4）：548-556.

[19] 张卫丰，张迎周，周国强．基于语义和直值程度的相关查询客观度量［J］．情报学报．2012，31（6）：574-582.

[20] Xiang B，Jiang D，Pei J，et al. Context-aware ranking in web search［C］.//Proceedings of the 33rd International ACM SIGIR Conference on Research and Development in Information Retrieval. SIGIR'10. ACM，New York，NY，USA，2010. 451-458.

[21] Hu B，Zhang Y，Chen W，et al. Characterizing search intent diversity into click models［C］.//Proceedings of the 20th International Conference on World Wide Web. WWW '11. ACM，New York，NY，USA，2011. 17-26.

[22] Liao Z，Song Y，He L-w，et al. Evaluating the effectiveness of search task trails［C］.//Proceedings of the 21st International Conference on World Wide Web. WWW'12. ACM，New York，NY，USA，2012. 489-498.

[23] Kamvar M，Baluja S. A large scale study of wireless search behavior：Google mobile search［C］.//Proceedings of the SIGCHI Conference on Human Factors in Computing Systems，ACM. 2006.

[24] Kamvar，M，Baluja S. Deciphering trends in mobile search［J］．Computer，2007，40（8）：58-62.

[25] Baeza-Yates R，Dupret G，Velasco J. A study of mobile search queries in Japan［C］.//Proceedings of the International World Wide Web Conference. 2007.

[26] Yi J，Maghoul F，Pedersen J. Deciphering mobile search patterns：a study of Yahoo! mobile search queries［C］.//Proceeding of the 17th International Conference on World Wide Web，ACM. 2008.

[27] Yi J，Maghoul F. Mobile search pattern evolution：the trend and the impact of voice queries［C］.//Proceedings of the 20th International Conference Companion on World Wide Web，ACM. 2011.

[28] Church K，Smyth B，Bradley K，et al. A large scale study of European mobile search behaviour［C］.//Proceedings of the 10th International Conference on Human Computer

Interaction with Mobile Devices and Services, ACM. 2008.

[29] Church K, Oliver N. Understanding portal – based mobile search: a case study [C].// Proceedings of the 2nd International Workshop on Research in the Large, ACM. 2011.

[30] Amin A, Townsend S , Ossenbruggen J , et al. Fancy a drink in canary wharf ?: a user study on location – based mobile search [C]. Proceedings of the 12th IFIP TC 13 International Conference on Human–Computer Interaction: Part I, August 24–28, 2009.

[31] Schaller R, Harvey M, Elsweiler D. Out and about on museums night: investigating mobile search behaviour for leisure events [C].//Proc. of Searching 4 Fun Wksp, ECIR, 2012.

[32] Li J, Huffman S, Tokuda A. Good abandonment in mobile and PC internet search [C].//Proceedings of the 32nd International ACM SIGIR Conference on Research and Development in Information Retrieval, ACM. 2009.

第 4 章　Web 搜索引擎日志挖掘研究框架

在对国内外相关研究进行系统梳理和总结的基础上，本章提出了一个 Web 搜索引擎日志挖掘的研究框架，主要包括：日志挖掘的研究内容、数据集的选择方法、数据预处理的方法、不同地域用户行为的特征与比较、如何应用于系统性能的改善等内容。

4.1　引言

搜索引擎（search engine）是 Web 上的一种应用软件系统，它以一定的策略发现和搜集 Web 网页信息，进行处理和组织后，为用户提供信息查询服务[1]。在 2003 年，全球约有 3 200 个分布于 211 个国家的各类 Web 搜索引擎[2]。随着 Web 信息量的快速增长，各种综合性大型或面向主题的小型搜索引擎的数量也在持续不断地增加。

用户与搜索引擎的交互过程可简述为：用户在查询框内输入一个查询串（query），经搜索引擎内部进行分析和处理后得到几百甚至上万条相关记录，每若干条记录（如 10 个记录）组成一个查询结果页面，其中每条记录都代表着一个网页（文档）入口，它包含该文档的标题、在 Web 上的位置（即网址，Uniform Resource Locator，URL）、网页内容摘要等信息。用户可以由此判断该记录所指向的网页是否包含自己感兴趣的内容，并决定是否点击该 URL 而详细浏览。

搜索引擎日志记录了用户与系统交互的所有信息，不同搜索引擎的日志记录格式略有不同，但一般都包括用户的访问时间、用户的 IP 地址、输入的查询串、用户所点击的 URL、点击的时间以及点击 URL 的序号等。这些信息通常按某种格式存入磁盘的文件系统中。

搜索引擎日志挖掘是 Web 使用记录挖掘（Web usage mining）的一种，它从用户的查询记录中抽取有意义的模式，主要包括：研究用户如何使用 Web 搜索引擎；研究用户在 Web 上查找何种内容的信息；研究群体或单个用户的查询行为特征、规律及其演化趋势；研究不同地域或不同主题搜索引擎的用户查询行为的异同，以及如何利用日志分析改进系统的性能等。

在对国内外搜索引擎日志挖掘研究的理论、技术、方法与实证研究进行系统的分析和总结的基础上，本章提出了对该领域进行研究的一般框架，主要包括：数据集的选择方法、数据预处理的方法；可从日志文件中挖掘的主要内容及其主要结果，不同地域的用户查询行为特征的比较分析；利用日志挖掘提高搜索引擎系统性能的主要方法等。图 4-1 给出了框架的基本构成要素，后续各节将详细论述每一要素的具体含义。

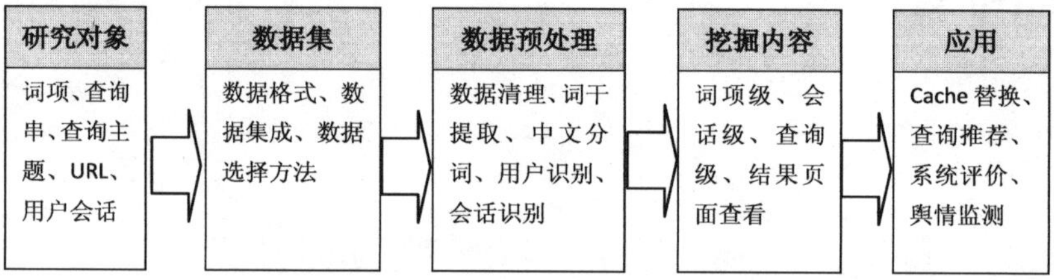

图 4-1　Web 搜索引擎日志挖掘研究框架

4.2　数据集与数据预处理

4.2.1　数据集

(1) 数据格式

许多大型搜索引擎系统将用户的查询与点击记录分开保存，即系统的日志文件由用户查询日志和用户点击日志组成。用户查询日志是在用户提交查询请求时记录的，它包括用户查询时提交的查询串、提交时间、用户 IP 地址、页号（查询结果分页显示，每页显示 10 个查询结果，用户首次查询页号为 1，用户翻页时的页号即为用户选择的结果页面号）等信息。以北大天网搜索引擎的用户日志文件为例，用户查询日志的一个简单的记录格式为

Fri Mar11 10：36：02 2005 // 提交时间

162. 105. 146. *　// 用户 IP

Database　　　// 是否在缓存中命中

北大 // 查询串

1　// 页号

用户点击日志是用户浏览查询结果并点击页面时记录的，它包括用户点击页面的时间、点击页面的 URL、用户 IP 地址、点击页面的序号（该页面在查询结果中的位置）、该点击对应的查询串等信息。天网用户点击日志的一个简单的记录格式为

Fri Mar11 10：36：02 2005　// 点击时间

162. 105. 146. *　// 用户 IP

北大　// 查询串

http：//www. pku. edu. cn // 点击的 URL

2　// 点击页面的排序

（2）数据集的选择

根据研究目的的不同，通常要选取不同的数据集进行分析。但基于商业竞争的考虑，主流商业搜索引擎系统一般不愿提供或是不愿完整地提供自己的日志数据，这在一定程度上制约了搜索引擎日志挖掘的研究。

目前公开发表的学术论文中，数据集的选取差异很大，主要表现在时间跨度上：选择 1 天的数据进行研究和分析的最多，如文献［3］、［4］；条件允许时，也可选择 1 周、几个月甚至几年的数据进行研究与分析，如文献［5］、［6］。

通常而言，短期内群体用户的访问规律、查询内容与点击 URL 等行为方式基本类似。例如，用户的查询量、点击量和不同用户的访问量可用时间序列中的潜周期模型来描述[7]；用户的查询内容与点击 URL 的过程具有自相似性的特征[8,9]；因此，若研究某一时段（如一个月）用户查询行为的一般特征，时间跨度选取的影响较小，一周（甚至一天）的日志数据就够了。

4.2.2　特定术语

关于搜索引擎日志挖掘的研究，需要事先定义一些特定的术语。目前，如下的几个概念被广泛使用。

词项（term）：不含分隔符的一个字符序列。这里的分隔符包括逗号、句号、冒号、空格符等事先指定的符号。词项的例子，如“search”或“搜索”等。分隔符的选择直接影响词项的计数结果。日志分析中以空格符作为分隔单位的居多。

查询串（query）：用户在搜索框内输入的查询内容，由一个或多个词项组成。例如“search engine”或“中文 搜索”等。查询串中可能包括某种逻辑操作，如 and，or，not 等。对同一个用户的某次查询，首次输入的查询串称为初始查询串（initial query）；若随后的查询串等同于先前输入的某一查询串则称为重复查询（repeat query）；若随后输入的查询串不同于先前的查询串则称为修正查询（modified query）。

会话（session）：单个用户在一段时间间隔内所提交的整个查询串序列，其中查询串的个数定义为会话长度。区分用户会话的时间间隔可以是若干分钟、若干小时或 1 天，典型的如 5 分钟、15 分钟、30 分钟或 1 天等。用不同的时间间隔进行会话分割，统计结果会有差异。但从用户日志角度来看，会话可能由单个用户、共同用户或者程序抓取而产生。

4.2.3 数据预处理方法

原始日志文件可能存在不完整的或不一致的噪声数据，因此需要在数据分析或模式挖掘之前进行数据预处理，主要包括数据清理、用户识别、会话识别、英文词干提取或中文分词等工作。进行有效的数据预处理可以提高挖掘模式的质量，降低挖掘所需要的时间。

（1）数据清理：删除日志中与挖掘任务无关的数据，例如，删除用户误操作所导致的空查询串，以及根据需要删除标点符号和查询串中多余的空格等。

（2）用户识别：通常用 IP 地址来区分不同的用户，但由于本地缓存（Cache）、代理服务器和防火墙的存在，仅从用户日志还无法确定来自某一 IP 的查询是否为真正的单用户。通常靠用户会话长度的大小来识别部分用户，例如，删除一天内来自同一 IP 且查询次数超过某一阈值（如 200 次）的全部记录。

（3）会话识别：将一个用户的访问记录分为若干个单一的会话。一般利用用户对系统访问的时间间隔进行会话识别，例如，当一个用户的两次查询请求的时间间隔超过某一设定阈值（如 30 分钟），则认为用户开始了一个新的会话。

（4）英文词干提取或中文分词：在英文信息处理中，可以利用词干提取技术减小词语空间。所谓词干是指将词的词缀（前缀或后缀）删除后剩余的部分，如“compute”是“computer”和“computing”的词干。由于中文词与词之间没有分界符，所以需要人为切分；不同切词软件由于其采用的分词算法不同，其分词结果略有差异。

（5）大小写英文字母转化：由于多数搜索引擎不区分大小写英文字母，挖掘某些模式时需要将查询串中的大写英文字母全部转化为小写，这样有利于查询信息的聚集与合并。

4.3　挖掘的主要内容及其结果

搜索引擎日志挖掘的主要技术和方法包括：统计分析方法、建模分析与预测、序列模式发现、关联规则挖掘、聚类分析等。挖掘的主要内容包括：词项级、查询级和会话级的数据分析、用户结果页面的查看和点击 URL 的特征、用户查询行为的演化趋势、不同地域用户查询行为的比较，以及如何利用日志分析改进搜索引擎系统的性能等。

4.3.1　主要统计指标

对搜索引擎用户日志可以挖掘的模式有很多层面，目前已发表的研究论文中所包含的主要统计指标及结果如下。

（1）词项级（term level）：对单个词项的使用情况进行统计分析，包括词语本身及多语言的使用情况以及词项的误拼写情况等。例如，词项中所包括的中文、英文、中英文混合、纯数字的使用情况等[4]。更深层次的研究结果包括：英文词项的频次频级分布符合 power-law 分布（或类 Zipf 分布）的特征[10,11]。

（2）查询级（query level）：研究用户输入的查询串中所包含的词项个数，即查询长度，以及查询的复杂性，即用户使用布尔操作（AND，OR，NOT）或短语查询的情况。主要的研究结果[2,4,11-13]包括：英文搜索引擎输入的查询串平均包含 2.2～2.4 个英文单词，多数为两个英文单词，查询串中所包含的英文单词的数量服从 Poisson 分布。多数中文用户输入的查询串中只含有一个词项并且包含中文字符，其中以 2～4 个汉字居多。Web 搜索引擎用户使用复杂查询的比例较小。

（3）会话级（session level）：研究用户会话的长度、用户进行查询修订或重复查询的使用情况以及用户提交查询的时间间隔等。主要的结果[5,11,13-15]包括：多数用户会话只含有一个查询，少量用户进行查询修正，绝大多数用户的会话时间小于 15 分钟等。

（4）结果页面查看（results pages viewed）：研究用户查看结果页面的个数

(如翻页等)、查看网页快照的情况，以及查看结果页面的时间间隔。主要统计结果[2,13,16]包括：绝大多数搜索引擎用户查看较少的结果页面，通常为 1～2 个；查看结果页面的时间间隔在 2～3 分钟之间；用户查看网页快照的比例较小，如天网数据分析显示：点击网页快照的数量只占总点击量的 3.5%。

(5) 点击 URL (hit URL)：研究一次会话或一次查询中用户所点击结果页面中 URL 的个数、序号以及相关性等。主要结果[2,6,9,11]包括：用户点击不同 URL 的数量遵从 Heaps 定律，点击 URL 的频度频级服从类 Zipf 分布，点击 URL 与页面大小相关，点击 URL 具有时间局部性，其点击过程具有自相似性特征等。

4.3.2 不同地域用户查询的特征及比较

因地域、文化背景和语言使用上的不同，可能导致用户群的查询行为方式以及查询内容上的不同。根据搜索引擎的主要用户群所在地进行划分，目前已被分析的搜索引擎日志约有 10 余个。

美国：Excite[17]；AltaVista[5]

南美洲：TodoCL[18] (智利)

欧洲：AlltheWeb[19] (挪威)；BWIE[20] (西班牙)；Fireball[21] (德国)

亚洲：NAVER[6] (韩国)；GAIS[13] (中国台湾)；TianWang[4] (中国大陆)

尽管上述各文献所选取的搜索引擎日志的时间段不同和数据集的大小也有很大的差异，所采用的数据预处理方法也不尽相同，但它们都各自反映了某一地域和文化背景下的搜索引擎用户行为的一些基本特征。对这些研究结果进行对比和分析，我们可以发现它们的一些共同点。

(1) 用户输入的查询串一般比较短，通常为 1～3 个词项，其中英文以及其他欧洲语言为两个单词，而中文、朝鲜语与西班牙语为 1 个词项。

(2) 超过一半的用户每次只进行一次查询，且查看较少的结果页面，通常只查看 1～2 个结果页面。

(3) 用户的查询结构比较简单，一般不使用高级检索功能。

进一步，我们还可以发现不同搜索引擎的用户行为在某些统计指标如平均每个查询串包含的词项个数、只查看 1 个结果页面的比例等相差较大。这启示我们不能将一个搜索引擎日志分析的结果完全推广到另一个搜索引擎上，特别地，对多地域服务的大型搜索引擎如 Google，Yahoo！等，在系统设计与服务上应根据地域的不同而选择不同的策略。用户查询行为趋向简单化，就要求我们在界面的设计上尽量做到让用户容易使用。

4.3.3　深度挖掘

对搜索引擎日志的深度挖掘主要包括用户查询的多任务性、用户查询的演化趋势、用户访问时间的分布等。这些研究需要一些其他的领域知识，如查询主题的分类、时间序列分析、数学模型的构建等。其他的深度挖掘研究还包括查询串中词语的共现情况[22]、发现热点查询事件[23]、命名实体识别[24]，以及具体到某一特定主题的用户查询行为研究，如多媒体查询、医药与健康查询、色情查询和经济类的信息查询等[2]。

（1）用户查询的多任务性

用户的信息查询行为可能包含多个主题（多任务），如用户先后查找“计算机”类和“娱乐”类的信息。文献［25］的研究显示：用户在不同信息环境（问卷调查、Web 查询、在线数据库、学术图书馆）下都存在多主题信息查询。文献［3］、［25］～［27］分析了 Excite 和 Allthe Web 这两个分别以美国和欧洲用户为主的搜索引擎的多任务查询的特征，结果显示每个多任务会话平均包括 3 个不同的主题，每个主题提交 4～5 个查询等。我们对 2002 年的天网中文搜索引擎的多任务 Web 查询进行了研究和分析[16]，结果显示：多于 1/3 的用户进行多任务 Web 查询；超过 1/2 的多任务会话包含两个不同的主题并进行 2～7 次查询；多任务会话时间的均值是一般会话时间均值的两倍；天网用户的多任务查询主要有三个主题：计算机、娱乐和教育，近 1/4 的多任务会话中包含不确定的信息。

多任务 Web 查询是人们进行信息查询时的一种常见模式，它揭示了一些用户在有几个信息需求时才进入 Web 搜索引擎系统进行信息查询。多任务 Web 查询具有较复杂的查询模式，需要更有效的检索技术为如此复杂的查询结构提供服务。

（2）用户查询的演化趋势

单个用户的信息需求在不断地变化，用户群在搜索引擎上的查询主题也在不断地迁移。为分析这种迁移，Spink 曾抽样选取了 Excite 搜索引擎在 1997、1999 和 2001 年分别有两千多个用户输入的查询串[17]，进行手工分类（定义了 11 类）后发现：人们的信息需求正在“from e-sex to e-commerence”；也就是说在 Excite 的 Web 用户查询中，商业信息需求逐渐增加，娱乐类查询相对减少。

我们对 2001～2005 年的天网用户日志进行抽样分析[16]，结果显示：用户输入的查询串中所包含词项数量有明显增多的趋势；用户会话的长度逐年下降；用户查看的结果页面越来越少；查看的时间间隔逐渐缩短；查询串中所包含的汉字个数基本稳定，包含 2～4 个汉字的查询串居多；在查询结果中发生点击行为的比率呈递减的趋势；查询次数与点击次数的相关性逐渐减弱；Web 用户查询的主题变化较快。

(3) 用户访问时间的分布

掌握用户对系统访问时间的分布有利于系统资源的配置。我们曾对天网用户对系统的访问时间的分布进行统计分析[7]，结果显示了用户访问具有极强的规律性，一天中用户到达的时间出现三个波峰，早晨 10：30，下午 4：30 和晚上 8：30，用户的最少访问量发生在凌晨 3：00～7：00，这与 CNNIC 的用户上网时间类似。进一步研究表明：短期内（如一两个月）天网用户每个工作日（周一至周五）的访问量基本相同，时间分布也非常类似，与公休日（周六和周日）的到达时间略有差异，整体呈现周期性波动，用户的访问量可用时间序列中的潜周期模型来描述。

4.4 应用于系统性能的改善

对搜索引擎日志进行挖掘，可以有效地改善搜索引擎系统在效果、效率、服务等方面的性能。具体地，在系统效果方面，我们可以利用用户查询、用户点击 URL 等反馈信息，提高结果排序的质量；在系统效率方面，使用 Cache（缓存）替换策略可以有效改进系统的应答速度；在系统服务方面，我们可以发现给定查询的一些相近 Web 查询，并提供查询推荐服务等。

4.4.1 提高结果排序的质量

在用户提交一个查询请求之后，如果点击了系统返回结果页面中的某个 URL，一般表示用户对该 URL 的一个认可，并且多数情况下所包含相关信息差的 URL 不被点击。2002 年 Zhang Dell 提出了一种利用用户点击记录提高结果排序质量的方法[28]，该方法首先应用于中文图像信息检索，随后 Baeza-Yates 将其推广应用于文本信息检索[29]，取得了不错的实验效果。Zhang Dell 称这种方法为 MASEL（Matrix Analysis on Search Engine）算法。

MASEL 方法试图寻找用户、查询与点击 URL 之间的关系。其基本假设是：

好的用户提交好的查询、好的查询返回好的 URL、好的 URL 被好的用户点击。根据用户点击记录递归地定义这三个基本量，这一思想非常类似于 Hits 算法中页面的 Authority 和 Hub 之间所建立的递归关系[30]。

Baeza-Yates 对智利 Todo 搜索引擎日志进行小规模实验时发现 MASEL 方法具有良好的效果，并且指出：日志周期的选取对实验结果的精度有一定的影响，特别地，对于多义词（查询的词项），当选取较长时间段的日志时其结果精度反而下降。

针对元搜索引擎的结果排序，Joachims 提出了一种以点击数据作为训练集，学习检索函数的方法[31]，其实验的排序结果优于 Google 的检索结果。

4.4.2　Cache 的替换策略

在搜索引擎系统的检索端或索引端使用 Cache，可以大大改善用户查询的平均响应时间，提高系统的效率。用户查询分布的统计分析表明用户的查询是非常集中的（即查询的局部性特征），这揭示了我们在查询中使用 Cache 的可行性，把这些查询次数较高的词项的查询结果放在 Cache 中，使用容量很小的 Cache 就能命中大部分的用户查询，这样就可以用较小的空间取得较大的 Cache 命中率。

Xie 在文献［10］中首先讨论了搜索引擎系统使用 Cache 可以有效地降低服务器负载，减少系统应答时间。文献［8］对天网搜索引擎检索端 Cache 替换的几种策略进行了对比，结果显示 LRU（Least Recently Used）和 LFU（Least Frequently Used）的 Cache 命中率要明显好于 FIFO（First In First Out），如果给 LFU 固定了一个衰减因子，其效果和 LRU 相差不多，如果选取好的衰减因子，可以得到比 LRU 稍微好一些的效果。考虑到实现的复杂性，LRU 和 FIFO 都比较简单，而 LFU 在发生替换的时候要进行衰减，必须遍历整个 Cache，其替换时间要远远大于 LRU 和 FIFO，而其效果和 LRU 相差的不是很多。所以该文献综合认为 LRU 是最好的 Cache 替换策略。

4.4.3　发现相关 Web 查询

由于搜索引擎用户输入的查询串通常比较短，而短词语所能表达的主题比较宽泛，容易存在歧义，并且用户时常不能准确地表达自己的信息需求。因此，有时用户需要对自己的查询请求进行不断的修正，以求找到自己满意的信息。为方便用户进行查询修正，一些搜索引擎系统如 Google、百度等已经在用户第一次提交查询请求后，在系统返回的结果页面中包含了一个相关查询列表，供用户进行查询修正时参考，这为用户更精确地表达自己的信息需求提供了便利。

传统的信息检索系统利用查询扩展来发现相关查询，主要方法有：基于用户反馈作查询扩展、基于局部或全部信息作查询扩展等[32,33]。这些方法一般依赖于文档集中各个文档的具体内容，实现上较为复杂，在实际的检索系统中使用得并不多。

基于搜索引擎用户日志发现相关查询是一个实际可行的方法。目前的研究通常要考虑两种基本因素的影响[16,34]：①如果两个查询串包含了相同词项，则它们可能是相关的，并且所含的共有词项越多，相似性就越高。②对两个不同的查询串，如果用户点击了查询结果中的相同 URL，则它们可能是相关的。除此之外，其他的影响因素还包括：被查询次数、不同用户的查询分布、被点击相同 URL 的次数、点击 URL 对应文档间的类别相似性等。

随后，我们可以利用某种方法组合这些影响因素进而发现一给定查询的相关查询。方法之一是手工标记部分训练数据，建立回归模型，以相关度的大小确定相关 Web 查询[16]。通常选用的回归分析方法是多元线性回归和支持向量回归。一般来讲，线性回归方法的参数计算简单，能很快得到每一查询的预测结果，但预测精度略差一些；支持向量回归方法涉及较多的参数选择，训练时间较长，结果预测的精度较高。研究发现：对不同类型的查询（信息型、导航型、事物型[35]），其预测结果的准确度存在较大的差异。

仅通过用户点击日志，对查询串进行聚类是另一种发现相关查询的方法。该方法首先构造一个二部图，即依据用户的点击记录，连接查询集合与点击 URL 集合中的一些对应元素，然后用凝聚的（agglomerative）迭代算法进行聚类，依次合并两个查询和两个 URL 直至迭代结束[36]。该方法的一个不足之处是不能有效处理噪声数据，即如果用户误点了某个 URL，那么两个不相关的查询就可能被永远地聚在一起[37]。

还可以利用关联规则确定相关 Web 查询[38]，具体地，将查询看作关联规则中的项（item），将查询日志中的会话看作事务（transaction），即在一定时间间隔内单个用户提交查询的集合为一个事务。然后利用关联规则挖掘算法，找出强关联规则，进而发现相关的 Web 查询。

4.5 小结

基于搜索引擎日志发现用户Web查询的特征与规律，不仅能够改善搜索引擎的系统性能，而且对用户的信息行为研究具有重要的意义。大型的商业搜索引擎都很重视对系统日志挖掘的研究，如百度公司与北京大学合作成立了“中国人搜索行为研究室”，搜狐公司与清华大学合作成立了“搜狐搜索技术联合实验室”等。从事该领域的研究工作需要用到信息科学、计算机科学、数据挖掘、人工智能、人机交互、教育心理学、认知科学等各方面的知识。就目前公开发表的学术论文来看，这一领域的研究成果以英文搜索引擎的研究为主，非英语言的研究较少。

本章针对Web搜索引擎日志这一特定的数据集，提出了对其进行挖掘的一般流程（框架），贯穿了日志挖掘的整个过程，既涉及所使用的理论、技术与方法，也归纳总结了目前已有的研究成果。该框架的建立可以指导搜索引擎及其类似Web日志挖掘的研究等。

在该研究领域内仍有许多问题值得深入研究，其中的一个重点仍将是如何利用日志挖掘的结果进一步改善搜索引擎系统的性能。其他的一些研究主题包括：如何划分用户会话比较合理？不同地域用户的搜索行为与地域文化之间具有什么样的关系？如何利用用户查询行为的演化规律评估搜索引擎系统的性能？如何根据访问日志预测用户的信息需求？在复杂环境下与实验室环境下（或问卷调查的结果），用户的查询行为具有什么样的关系？如何发现并识别不同类型如不同性别、年龄、知识背景下的用户查询行为特征？在工作日与休息日这两个不同的时间段，用户的查询内容及行为特征有何异同？如何利用认知心理学的一些模型解释用户的各种信息查询行为？综合利用多领域知识对搜索引擎日志进行深度挖掘仍有许多挑战性的工作有待我们去研究。

参考文献

[1] 李晓明，闫宏飞，王继民．搜索引擎原理、技术与系统［M］．北京：科学出版社．2005.

[2] Spink A, Jansen B J. Web Search: Public Searching on the Web [M]. Netherlands: Kluwer Academic Publishers. 2004.

[3] Ozmutlu S, Spink A, Ozmutlu H. A day in the life of Web searching: an exploratory study [J]. Information Processing and Management, 2004, 40: 319-345.

[4] 王继民，陈翀，彭波，大规模中文搜索引擎的用户日志分析 [J]，华南理工大学学报，2004，32 (S)：1-5.

[5] Silverstein C. Analysis of a very large altavista query log [J]. ACM SIGIR Forum, 1999, 33 (1), 6-12.

[6] Park S, Lee J H, Bae H J. End user searching: a web log analysis of NAVER, a Korean Web search engine [J]. Library & Information Science Research, 2005. 27, 203-221.

[7] 王继民，彭波．搜索引擎用户访问量模型 [J]．计算机工程与应用，2004，40 (25)：9-11，30.

[8] 王建勇，单松巍，雷鸣，等．海量 web 搜索引擎系统中用户行为的分布特征及其启示 [J]．中国科学 (E)，2001，31 (4)：372-384.

[9] 王继民，彭波．搜索引擎用户点击行为分析 [J]．情报学报，2006，25 (2)：154-162.

[10] Xie Yinglian, O'Hallaron D. Locality in search engine queries and its implications for caching [C].//Proc. IEEE Infocom 2002, New Jersey: IEEE Press, 2002: 1238-1247.

[11] Baldi P, Frasconi P, Smyth P. Modeling the Internet and the Web, Probabilistic Methods and Algorithms [M]. John Wiley. 2003.

[12] Jansen B J, Spink A, Saracevic T. Real life, real users, and real needs: a study and analysis of user queries on the web [J]. Information Processing and Management, 2000, 36 (2): 207-227.

[13] Jansen B J, Spink A. How are we searching the World Wide Web? A comparison of nine search engine transaction logs [J]. Information Processing and Management, 2006, 42: 248-263.

[14] Lau T, Horvitz E. Patterns of search: analyzing and modeling Web query refinement [C].// 7th Int. Conf. on User Modeling. Springer, 1999.

[15] He D, Goker A. Detecting session boundaries from Web user logs [C].//22nd Annual Colloquium of IR Research 2000, UK: Cambridge. 2000.

[16] 王继民．中文搜索引擎日志挖掘研究，北京大学信息科学技术学院博士后研究工作报告 [R]．北京大学．2005.

[17] Spink A, Jansen B J , Wolfram D, et al. From e-sex to e-commerce: Web search changes [J]. IEEE Computer, 2002, 35 (3), 133-135.

[18] Baeza-Yates R. Applications of Web query mining [C].//European Conference on Information Retrieval (ECIR'05) . 2005. Spain: Springer.

[19] Spink A, Ozmutlu S, Ozmutlu H C, et al. US versus European Web searching trends [J]. SIGIR Forum, 2002, 32 (1), 30-37.

[20] Cacheda F, Vina A. Understanding how people use search engines: a statistical analysis for e–business [C].//Proceedings of the e – Business and e – Work Conference and Exhibition 2001. Italy.

[21] Hoelscher C, Strube G. Web search behavior of internet experts and newbies [J]. International Journal of Computer and Telecommunications Networking, 2000, 33: 337–346.

[22] Wang P, Berry M W, Yang Y. Mining longitudinal Web queries: trends and patterns [J]. Journal of the American Society for Information Science and Technology, 2003. 54: 743–758.

[23] Gu YQ, Cui JW, Liu HY, et al. Detecting hot events from Web search logs [C].// Proceedings of 11th International Conference on Web – Age Information Manage – ment. 2010. China.

[24] Xu G, Yang SH, et al. Named Entity mining from click–through data using weakly supervised latent dirichlet allocation [C].//Proceedings of 15th ACM SIGKDD Conference on Knowledge Discovery and Data Mining. 2009.

[25] Spink A, Ozmutlu H C, Ozmutlu S. Multitasking information seeking and searching processes [J]. Journal of the American Society for Information Sciences and Technology, 2002, 53 (8): 639–652.

[26] Ozmutlu S, Ozmutlu H C, Spink A. Multitasking Web searching and implications for design [C].//ASIST'03: Annual Meeting of the American Society for Information Science and Technology. 2003. Long Beach, CA.

[27] Ozmutlu S, Ozmutlu H C, spink A. A study of multitasking Web searching [C].//IEEE ITCC '03: International Conference on Information Technology: Coding and Computing. 2003. Las Vegas, NV, USA.

[28] Zhang D, Dong Y. A novel Web usage mining approach for search engines [J]. Computer Networks, 2002. 39, 303–310.

[29] Baeza–Yates R. Query Usage Mining in Search Engines [M].//Web Mining: Applications and Techniques, A. Scime, Editor. Idea Group. 2004: 307–321.

[30] Chakrabarti S. Mining the Web: Discovering Knowledge from Hypertext Data [M]. Morgan–Kaufmann. 2003.

[31] Joachims T. Optimizing search engines using clickthrough data [C].//Proceedings of the ACM Conference on Knowledge Discovery and Data Mining (KDD), 2002.

[32] Baeza–Yates R, Ribeiro–Neto B. Modern Information Retrieval [M]. Addison–Wesley–Longman. 1999.

[33] Cui H, Wen J R, Nie JY, et al. Query expansion by mining user logs [C].//IEEE transactions on knowledge and data engineering, 2003. 15 (4): 829–839.

[34] Wen J R, Nie J Y, Zhang H J. Query clustering using userlogs [C].//Proceedings of the 10th World Wide Web conference. 2001. New York: ACM Press.

[35] Kang I H, Kim G. Query type classification for Web document retrieval [C].//Proceedings of the Twenty-Sixth Annual International ACM SIGIR Conference on Research and Development in Information Retrieval, SIGIR 2003, Jul 28 - Aug 1 2003. 2003. Toronto, Ont., Canada: Association for Computing Machinery.

[36] Beeferman D, Berger A. Agglomerative clustering of a search engine query log [C].//Proceedings of the Sixth ACM SIGKDD International Conference on Knowledge Discovery and Data Mining. 2000.

[37] Chan W S, Leung W T, Lee D L. Clustering search engine query log containing noisy clickthroughs [C].//Proceedings of the 2004 International Symposium on Applications and the Internet (SAINT'04). 2004.

[38] Fonseca B M, Golgheret P B, et al. Using association rules to discovery search engines related queries [C].//First Latin American Web Congress (LA-WEB'03). 2003. Santiago, Chile.

中　篇

基于Web用户查询日志的实证研究

本篇介绍我们针对不同类型 Web 查询系统的用户日志所开展的实证研究，主要包括：北大天网大规模 Web 搜索引擎系统的用户日志、国内某大型期刊数据库的用户日志、移动搜索的用户日志，这三种日志涵盖搜索引擎使用情况、学术网站使用情况和移动搜索的使用情况，代表性较强。对这些日志数据集，我们开展了多维度、多方法的综合性试验研究。

本篇共包含七章内容，具体如下。

(1) 用户对 Web 检索系统访问的规律性极强。本篇第 5 章将用户的访问量看成按时间次序排列的随机变量序列，利用时间序列分析的方法，分别建立了北大天网搜索引擎用户的查询量、点击量和不同 IP 用户访问量的潜周期模型。

(2) 本篇第 6 章研究了中文 Web 搜索引擎用户检索行为的一般行为特征与规律，包括用户所使用的词项特征、会话特征、查看网页快照情况等。

(3) 用户在使用 Web 搜索引擎进行信息查询时，可能包含单个或多个主题(多任务)，如：用户开始时查找“计算机”类的信息，随后查找“娱乐”类的信息，这属于两种不同主题的信息查询。本篇第 7 章研究了多任务中文 Web 查询的特征。

(4) 本篇第 8 章重点研究了用户的点击行为特征，得到了一些极具价值的研究结果，如用户点击 URL 与页面大小相关，点击 URL 具有时间局部性，其顺序具有自相似性特征等。

(5) 对 5 年的北大天网搜索引擎的用户日志进行抽样分析，发现了中文 Web 用户查询行为的演化趋势，如：用户输入的查询串中所包含词项数量有明显增多的趋势；用户会话的长度逐年下降；查看的时间间隔逐渐缩短；查询串中所包含的汉字个数基本稳定，其中包含 2～4 个汉字的查询串居多；Web 用户查询的主题变化较快等。这是本篇第 9 章的研究内容。

(6) 基于国内某大型期刊数据库的用户查询日志，第 10 章研究了高校用户使用学术期刊数据库的基本行为特征，分析了不同类型高校用户的检索策略，提出了高校用户检索策略的影响因素模型。

(7) 限于数据获取的困难，目前国内外关于传统 PC 搜索的用户行为分析的研究成果较多，而针对移动搜索日志挖掘的研究相对较少。本篇第 11 章基于国内某网站一批包含 300 余万条有效记录的日志数据，研究了我国移动搜索用户行为的基本特征，丰富了中文移动搜索领域的研究成果。

第5章 搜索引擎用户访问量模型

基于北大天网这一大规模分布式 Web 搜索引擎系统的用户日志，本章研究了搜索引擎用户访问量建模分析和预测的一般方法；将用户的访问量看成按时间次序排列的随机变量序列，利用时间序列分析的方法，分别建立了天网用户的查询量、点击量和不同 IP 用户访问量的潜周期模型；结果显示模型对实际数据拟合效果较好；用户访问的主周期为 24 小时，其他周期依次为 12 小时、6 小时、8 小时、5 小时、168 小时（即一周）；用户的异常访问情况可通过小波技术检测。

5.1 引言

WWW 搜索引擎是一种 Web 上的应用软件系统，它以一定的策略在 Web 上搜集和发现信息，对信息进行处理和组织，为用户提供 Web 信息查询服务。中国互联网络信息中心（CNNIC）[1] 的统计表明，搜索引擎已经成为继电子邮件之后人们用得最多的网上信息服务系统。

搜索引擎系统主要维护两类日志：用户查询日志和点击日志[2]。用户的查询日志记录用户向搜索引擎提交查询的相关数据，一般包含查询词，时间，用户信息（IP、浏览器类型等），查询结果等信息。用户的点击日志是在用户浏览查询结果时点击结果页面中的 URL 时被搜索引擎记录的信息，一般包含点击时间、点击的 URL、用户 IP、点击 URL 的序号（该页面在查询结果中的位置）、该点击对应的查询词等信息，它记录和反映了查询结果中用户感兴趣页面的相关信息。

目前针对用户的查询和点击日志的分析已有一些研究成果[2-5]，如：用户平均输入的查询词长度为两个英文单词，多数用户并不基于返回结果修正查询词，重复查询项遵从 Pareto 分布，查询词序列具有自相似性特征，用户点击不同 URL 的数量遵从 Heaps 定律等。而针对搜索引擎用户访问量进行建模分析和预测的方法尚未见到。

对天网搜索引擎系统用户的查询和点击日志进行统计分析显示用户的查询量、点击量和不同 IP 用户的访问量具有较好的周期性：主周期 24 小时比较明显，但其他周期不易判定。当我们将用户的访问量看成按时间次序排列的随机变量序列时，就可以利用时间序列分析的方法建立用户访问量的潜周期模型，由此得到了用户访问的所有主要周期。模型的建立对搜索引擎系统性能测试、系统仿真、把握用户对系统访问的时间规律性具有重要的理论和实际意义。

本章内容安排如下：5.2 节简要介绍了天网搜索引擎的查询与点击日志的数据格式；5.3 节讨论了基于小波技术的用户异常访问检测问题；5.4 节给出了建立时间序列潜周期模型的一般方法；5.5 节分别建立了天网用户的查询量、点击量和不同 IP 用户访问量的潜周期模型；5.6 节是本章的结论和进一步的工作。

5.2 用户查询与点击日志

天网搜索引擎[6]于 1997 年 10 月正式在 CERNET 上为广大用户提供 Web 信息导航服务，系统的体系结构从早期的集中式发展到了现在的并行分布式，无论搜集的网页质量还是提供的服务质量都已发生了很大的变化。到 2004 年年初天网搜集系统已搜集到国内静态网页 2.58 亿个（不包括通过提交查询词动态生成的网页），每天用户访问量 20 余万，用户点击记录 10 余万条。天网的用户查询与点击日志的一个完整的记录分别如表 5-1 和表 5-2 所示。

表 5-1　天网用户查询日志记录格式

字段	说明
2165615361.139.251.185562489	会话标识
Mon Sep 100：00：19 2003	查询时间
xxx.xxx.xxx.xxx	用户 IP（经过变换，保护用户隐私）
Cache	是否在 Cache 中命中
火车时间表	查询词
4	页号

表 5-2　天网用户点击日志记录格式

字段	说明
21656627202. 112. 252. 245652169	会话标识
Mon Sep 100：00：11 2003	点击时间
xxx. xxx. xxx. xxx	用户 IP（经过变换，保护用户隐私）
智能网技术	查询词
http：//www. cyberpoly. com/zszx/20030305. asp	点击的 URL
496104194	点击的页面编号
7	点击页面的排序

目前搜索引擎的更新周期越来越短，天网大约两个月左右更新一次新的数据。为此，本章的研究中，我们抽取了天网系统 2003 年 9 月 1 日到 10 月 31 日共两个月的用户查询与点击日志进行分析，在燕穹提供的数据产品中的编号为：YQ-QUERYLOG. 0309-10 和 YQ-CLICKLOG. 0309-10。用户会话为提交一次查询以及后续的翻页、在结果页面中点击的全部过程。天网未使用 Cookie 技术标识用户查询的会话，以用户 IP 来区分用户。本章统计分析对象包括单位时间（本章以小时为单位）内用户的访问量、点击量、不同 IP 用户的访问量，这些数据对象先经过整数编码，赋予全局唯一的连续整数标识，以便于后续统计、处理和分析。

5.3　基于小波的异常访问检测

时间序列中的异常数据直接影响着模型的拟合精度，如不加以清除和替换，将可能导致一些虚假信息的产生。我们在对天网搜索引擎系统的查询日志进行分析处理时，也的确发现了一些异常访问数据（尽管不多），如 2002 年 12 月系统在 40 分钟内，记录了来自同一 IP 的查询次数达到 2 万多次，这显然属于使用程序的恶意攻击行为。

如何发现异常数据，已有一些现成的处理方法，如使用数据的分箱处理技术，聚类技术等都可以进行异常数据探测。基于小波的异常数据发现与消噪是近几年出现的一种比较有效的方法[7,8]。

传统的傅立叶变换缺乏空间局部性，它只能确定一个函数奇异性的整体性质，而难于确定奇异点在空间的位置和分布情况。小波变换（wavelet transform）是一种窗口大小不变但形状可变的局部化分析方法。近几年，利用小波技术来分析信号的奇异性及其奇异性的位置和奇异度的大小是比较有效的。

基于小波技术的奇异点检测的一般步骤是：对信号进行多尺度分析，在信号出现突变时，其小波变换后的系数具有模量的极大值，因而可以通过对模量的极大值点的检测来确定故障发生的时间点。

我们将搜索引擎系统的查询量、点击量、不同 IP 访问量分别看成是时域中的一个一维信号，由此可以利用小波技术进行奇异点检测和噪声的消除。

选取 2003 年 9 月至 10 月的用户查询日志，以小时为单位统计用户访问量，共得到 1 440 个数据。我们用“db1”小波将这些数据进行 3 层分解，第一层（d1）和第二层（d2）的高频部分将信号的不连续点显示得相当明显，由图 5-1 可知，信号的异常点出现在 t=768（即 10 月 3 日 0 时）附近。查看当日用户的查询日志，发现在该日两小时内有来自同一 IP 的用户访问了近 2 万次，属于异常攻击行为。在建模时应予以清除并补充新的平滑数据。

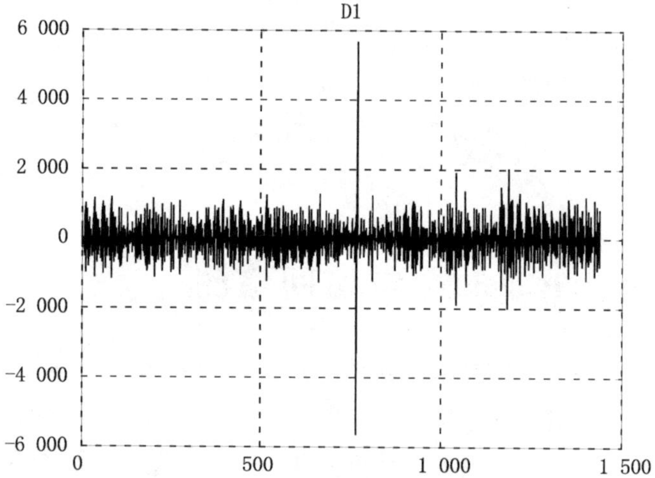

图 5-1　用 db1 小波分解的高频系数（db1）

5.4　时间序列的潜周期模型

时间序列是按时间顺序排列的随机变量序列，任何时间序列经过合理的函数变换后都可以被认为由三部分叠加而成，即趋势项部分、周期项部分和随机噪声项部分[9,10]。

实际问题中对具有明显周期性的实值数据可以考虑用潜周期模型来描述，如某地区月平均气温（或降水量）的变化等。它在气象、天文、机械震动、共振研究和调和信号处理方面有着广泛的应用[10]。

在信号处理领域中的余弦波信号是一种常见的信号，通常也用潜周期模型（5-1）来表示：

$$x_t = \sum_{j=1}^{k} A_j \cos(\omega_j t + \varphi_j) + \xi_t,\ t \in N_+ \tag{5-1}$$

其中，$0<\omega_1<\omega_2<\cdots<\omega_k\leqslant\pi$。正数 A_j 是相应于第 j 个角频率 ω_j 的振幅。对应于 ω_j 的周期 $T=2\pi/\omega_j$，$\varphi_j\in[0,2\pi)$ 是相应于角频率 ω_j 的初始相位，$\{\xi_t\}$ 是一个有色噪声序列。

在模型（5-1）中，若用 $\sigma=\sqrt{\mathrm{var}(\xi_t)}$ 表示噪声项的标准差，则称 $\eta_j=A_j/\sigma$ 为对应于角频率 ω_j 的信噪比（信号和噪声的比）。信噪比越大，频率项 $A_j\cos(\omega_j t+\varphi_j)$ 的作用越大。

由于模型（5-1）是三角函数项的叠加，所以有时又称其为调和模型。对应的复数形式如下：

$$x_t = \sum_{j=1}^{q} a_j[\cos(\lambda_j t) + i \times \sin(\lambda_j t)] + \xi_t,\ t \in N_+ \tag{5-2}$$

若数据为实值序列，则有 $A_j=2|a_j|$。

在实际的应用中，为对实值模型（5-1）中的参数进行估计，可首先对数据进行零均值化处理，设处理后的数据为：x_1，x_2，$\cdots x_N$，引入函数

$$S_N(\lambda) = \sum_{t=1}^{N} x_t e^{-i\lambda t} \tag{5-3}$$

由此，式（5-2）中的复数 a_j 可用下式来估计：

$$a_j = \frac{1}{N}\sum_{t=1}^{N} x_t e^{-i\lambda t},\quad 1\leqslant j\leqslant q \tag{5-4}$$

由于 $|S_N(\lambda)|$ 是偶函数，因而只需在 $[0,\pi]$ 上找出峰群的个数 q，并可对相应的角频率进行估计。这里 S_N 的作用是将时域的信号转换到频域，类似于平稳序列的谱密度函数。

由此我们参照文献［10］，给出建立实值潜周期模型的一般步骤。

（1）对原始数据进行清理，清除异常点或噪声数据，对空缺的数据用平均值或回归函数的值进行补充。

（2）减去趋势项和均值，进行零均值化处理。

（3）根据式（5-3），构造 $S_N(\lambda)$，并由 $|S_N(\lambda)|$ 值的大小来估计角频率。

（4）由式（5-4），计算对应于各角频率的 a_j。

（5）计算式（5-1）中的振幅 $A_j = 2|a_j|$，初相位 φ_j 为 a_j 的幅角。

这样就可以构建一个数据序列的潜周期模型。为了检测拟合模型是否合理，需要计算残差：

$$\xi_t = x_t - \sum_{j=1}^{k} A_j \cos(\omega_j t + \varphi_j),\ t \in N_+ \tag{5-5}$$

和它的样本自协方差函数 $\gamma_k(k = 1, 2, \cdots, \sqrt{N})$。如果 γ_k 有收敛到零的性质，就可以认为模型合适。或者为残差序列（5-5）建立 AR 或 ARMA 模型，如果所建立的 AR 或 ARMA 模型可以通过模型检测，就应当可以肯定拟合模型的合理性。

5.5 用户访问量模型

如下我们采用上述方法，分别建立用户的查询量、用户的点击量和不同 IP 用户访问量的潜周期模型。

5.5.1 查询量模型

选取 2003 年 9 月 1 日～28 日共计 4 周的天网查询日志，统计每小时的用户访问量。我们用 $\{z_t\}$ 表示这 4 周的数据序列，共 672 个数据。用最小二乘法拟合后发现在这段时间内没有明显的趋势成分，样本均值为 $m_z = 2\,942.7$，令：$z = z - m_z$，即对 $\{z_t\}$ 进行零均值化处理。构造函数 $S_N(\lambda)$，并以 λ 为横坐标，区间为［0，π］，以 $|S_N(\lambda)|$ 的值为纵坐标，得到图 5-2。

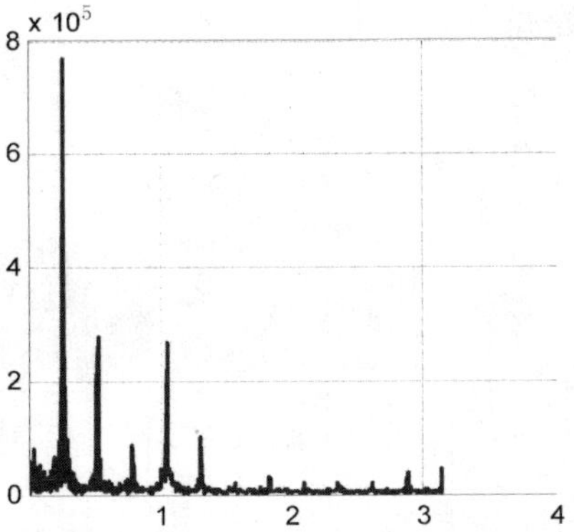

图 5-2　$|S_N(\lambda)|$ 的取值

该图的峰值表现较明显的有 3 个（$|S_N(\lambda)| > 2.5 \times 10^5$），另有 3 个小的峰值（$|S_N(\lambda)| > 7 \times 10^4$）。根据前述方法得到相应角频率、周期、初相位和振幅估计，见表 5-3。该表第三行给出了用户查询量的周期：主周期为 24 小时，其他周期依次有 12 小时、6 小时、8 小时、5 小时、168 小时（即一周）。

表 5-3　用户查询量模型参数

k	1	2	3	4	5	6
ω	0.262	0.524	1.048	1.305	0.786	0.037 4
T（计算值）	23.98	11.99	5.99	4.83	7.99	167.99
T（近似值）	24	12	6	5	8	168
φ	1.97	0.81	1.75	-0.24	-1.47	-2.19
A	2 299.2	832.8	829.6	260.4	272.7	243.3

由此，在不考虑随机干扰时可以建立模型（5-6）：

$$z_t = mz + \sum_{j=1}^{6} A_j \cos(\omega_j t + \varphi_j), \tag{5-6}$$

其中，mz 为样本均值 2 942.7。

我们用该模型对 2003 年 9 月 23 日和 29 日的实际访问量与模型预测量作比较（图 5-3），图中实线为用户实际访问量，星点为由模型（5-6）预测的数据值，其残差图如图 5-4 所示，近似为一个平稳序列，残差序列的自协方差函数也有逐渐减少的趋势，构造其频数直方图发现它呈现均值为 0，标准差为 465.42 的正态分布的形状，误差序列的中位数仅为 12.38，可以认为是一个白噪声序列。

相对误差在10%左右，为此我们认为，该模型合理。

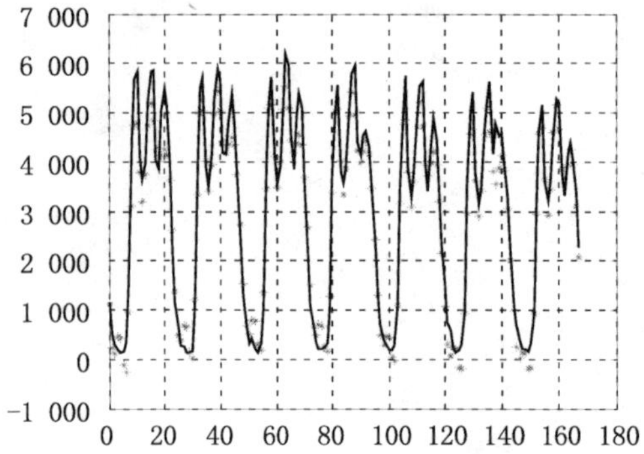

图5-3　模型（5-6）和实际访问量

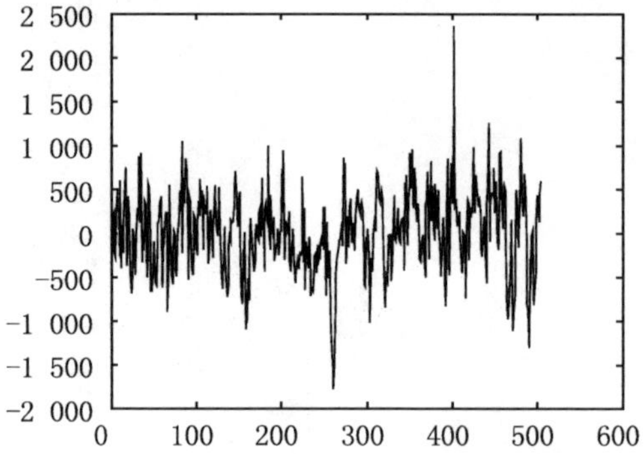

图5-4　模型（5-6）的残差图

5.5.2　不同IP用户访问量模型

用户在使用搜索引擎进行查询时，一般并不仅仅查询一次就离开，为此我们统计各时间段内来自不同IP用户的访问情况。与查询量模型建立的过程类似，我们可以为其建立一个不同IP用户访问量模型。

日志仍选取2003年9月1日～28日共计4周的天网查询日志，统计每小时来自不同IP的用户访问量。在模型构造的过程中，我们发现其$|S_N(\lambda)|$取到极大值点的λ值是完全相同的，所不同的只是$|S_N(\lambda)|$的具体取值而已。事实上也应该如此，用户的访问量与用户个数呈正相关关系。

相应角频率、周期、初相位和振幅估计如表5-4所示。它与表5-3的区别主要在振幅A取值的不同，同时其相位角也略有一点很小的差异。对该模型与实际数据比较，同样取得了不错的拟合效果。模型表示仍为式（5-6）。

表5-4　不同IP用户访问模型参数

k	1	2	3	4	5	6
ω	0.262	0.524	1.048	1.305	0.786	0.037 4
T（计算值）	23.98	11.99	5.99	4.83	7.99	167.99
T（近似值）	24	12	6	5	8	168
φ	1.96	0.77	1.74	-0.24	-1.45	-2.30
A	925.7	356.01	305.3	80.9	87.3	87.1

5.5.3　点击量模型

对用户点击日志进行统计，可得到用户在每个小时内的点击量。采用前述为用户查询量进行建模的方法，为用户点击量建立潜周期模型。日志选取 2003 年 9 月 1 日～28 日的天网点击日志。同样由于用户访问量、不同 IP 的数量、用户点击量之间存在正相关关系，用户点击量序列的角频率与查询量序列相同。计算得到的角频率周期、初相位和振幅估计如表 5–5，模型仍为式（5–6）。

表 5–5　用户点击量模型参数

k	1	2	3	4	5	6
ω	0. 262	0. 524	1. 048	1. 305	0. 786	0. 037 4
T（计算值）	23. 98	11. 99	5. 99	4. 83	7. 99	167. 99
T（近似值）	24	12	6	5	8	168
φ	1. 97	0. 80	1. 74	–0. 25	–1. 47	–2. 08
A	3 506. 5	1 388. 4	1 364. 2	442. 2	456. 8	352. 5

5.6　小结

本章基于天网 Web 搜索引擎的用户查询与点击日志数据，分别为用户访问量的三个主要指标：用户的查询量、点击量和不同 IP 用户访问量建立了时间序列的潜周期模型。该模型较好地拟合了真实数据（相对误差 10％左右），并得到了用户访问的主周期为 24 小时，其他周期依次有 12 小时、6 小时、8 小时、5 小时、168 小时（即一周）。用户的异常访问情况可采用小波技术加以检测。

寻求更好的模型来刻画搜索引擎的用户访问量是一个值得研究的问题，相关的研究工作还包括利用该模型对搜索引擎系统的数据作仿真试验，检测系统性能等。

模型对节假日（五一、十一、春节）期间的预测有较大偏差，但在各时间段上的分布形式类似，只是用户的访问量要减少，可用一个适当的比例因子（如 0. 7）去乘以预测数量，得到用户访问量。如何较好地估计这一比例因子，以使得整体误差最小是值得进一步研究的问题。

参考文献

[1] CNNIC（中国互联网络信息中心）. http：//www. cnnic. net. cn/.

[2] 王建勇，李晓明，单松巍，等．海量 Web 搜索引擎系统中用户行为的分布特征及其启示［J］. 中国科学（E），2001，Vol. 31（4）：372-384.

[3] Xie Y，O' Hallaron D. Locality in search engine queries and its implications for caching［C］. // Proc IEEE Infocom 2002.

[4] Spink A，Wolfram D，Jansen B J，et al. Searching the web：the public and their queries［J］. Journal of the American Society for Information Science，2001，53（2）：226-234.

[5] Baldi P，Frasconi P，Smyth P. Modeling the Internet and the Web，Probabilistic Methods and Algorithms［M］. John Wiley，2003.

[6] 天网搜索引擎 . http：//e. pku. edu. cn.

[7] 胡昌化，张军波，等．基于 Matlab 的系统分析与设计——小波分析［M］. 西安：西安电子科技大学出版社，1999.

[8] 王鹏，单保慈，曾振柄，等．多尺度网络时序数据挖掘［M］//李晓明，李星．搜索引擎与 Web 挖掘进展．北京：高等教育出版社，2003：178-185.

[9] Box G E P，Jenkins G M，Reinsel G C. Time Series Analysis：Forecasting and Control［M］，Prentice_hall，Inc. 1994.

[10] 何书元．应用时间序列分析［M］. 北京：北京大学出版社，2003.

第6章　中文搜索引擎用户日志分析

北大天网是一个以国内中文用户为主的大规模分布式搜索引擎系统。本章针对其用户日志进行了统计分析，结果显示：用户对系统的访问时间并不均等，一天中早晨、下午和晚上各出现一个波峰；通常用户在一天内只进行1～2次内容不同的查询，多于2/3的用户点击了结果页面中的某些URL；多数中文用户输入的查询串中只含有一个词项并且包含中文字符，其中以2～4个汉字居多；用户查看结果页面的时间大约是2～3分钟；只有少数用户查看历史网页（或称网页快照）。用户日志中不同查询串、不同用户和点击不同URL的数量满足Heaps定律。

6.1　引言

搜索引擎的工作原理来源于信息检索（IR）的理论，但其用户的检索行为与传统的IR系统，如在线数据库（OLDB）、光盘检索（CD-ROM）、联机公共检索目录（OPAC）等，存在很大的差异[1]，如用户的并发访问量比较大，查询内容比较宽泛，用户的查询不需要任何领域的知识等。搜索引擎的用户日志一般分为两类：用户查询日志和用户点击日志（有的系统也合在一起），它们分别是在用户进行查询和点击时由系统自动记录的。

目前，对英文搜索引擎如Alta Vista，Excite等用户日志的统计分析已有一些研究成果[1-5]：用户输入的查询串平均包含2.2～2.4个英文单词，多数为两个英文单词；查询串所包含的英文单词数量服从Poisson分布；多数用户并不基于返回结果修正查询词；重复查询词的数量遵从Pareto分布等。但针对中文用户日志的分析和研究较少，而中英两种语言具有一定的差异，如英文句子由若干个用空格分开的单词组成，中文句子则是由连续的汉字字符组成的。这些差异在搜索引擎的使用上有什么样的差异呢？王建勇等[6]基于天网 1999 年 4～6 月的用户日志分析得到：用户查询串的分布具有明显的局部性，查询串的出现过程具有自相似性特征，据此设计了系统的查询缓存，并比较了 FIFO、LRU 及带衰减的 LFU 等 3 种 Cache 替换策略。本章是对该项研究工作的补充和扩展。具体地，本章试图解答：中文用户输入的查询串中包含多少个词项？有多大比例的查询串包含中文字符？用户查看结果页面的时间大概有多长？用户对系统的访问时间是如何分布的？如何根据日志中用户的访问量估计不同查询串、不同用户量和点击不同 URL 的数量？

6.2 数据准备

天网[7]于 1997 年 10 月正式在 CERNET 上为广大用户提供 Web 信息导航服务，是国内最好的公益性搜索引擎之一。到 2004 年年初天网搜集系统已搜集到国内静态网页 2.58 亿个（不包括通过提交查询词动态生成的网页），平均每天用户访问量 20 余万，用户点击记录 10 余万条。

为促进国内搜索引擎研究的共同发展与提高，天网系统的用户日志对国内研究人员开放，本章选取 2003 年 11 月 18 日 0 时至 24 时的用户查询与点击日志进行分析❶。基本统计数据如下。

原始的用户查询日志包括 143 724 个查询记录，50 919 个不同的查询串，21 642个来自不同 IP 的用户。用户的点击日志包括 118 518 个查询记录，90 537 个不同的 URL，14 796 个来自不同 IP 的用户。其中，一个用户查询记录包括：查询时间，用户 IP，是否 Cache 命中，查询串和结果页面编号共 5 项内容。一个用户点击记录主要包括：点击时间，用户 IP，查询串，点击 URL，点击页面的编号，点击 URL 的序号共 6 项内容。

由于天网系统未使用 Cookie 技术标识用户查询的会话，我们只能以 IP 来区分不同的用户。用户在搜索框内输入的查询内容称为查询串（query），它由一个或多个用空格分开的词项（term）组成。一般来讲，返回给用户查询结果中的文档必须同时包含查询串中所有的词项，相当于各个词项查询结果的交集。

❶ 北大燕穹提供的数据集编号分别为：YQ-QUERYLOG.0311 和 YQ-CLICKLOG.0311。

为了正确把握用户使用搜索引擎的行为特征，我们对如下情况做数据清除。

（1）使用程序进行查询的记录：这可能导致分析结果的偏斜。例如，我们统计了各 IP 下用户的查询与点击次数，发现来自某一 IP 的查询在一天内发生高达 16 254 次查询且没发生一次点击行为，这可能是元搜索引擎调用天网的查询结果，也可能是恶意攻击所致。本章对来自同一 IP 且查询次数多于 400 次的所有记录予以删除，我们认为单个用户在一天内进行如此多查询的可能性很小，这也去除了部分多用户共用 IP 的情况。

（2）查询串为空的情况：这属于明显的错误操作，搜索引擎不返回任何结果，所以在用户点击日志中不存在查询串为空的情况。

用户输入的查询串可能包含一些误拼或错误，一般的搜索引擎并不对此做相关检查，但给出一些相近的查询串，供用户选择。本章的分析没有对误拼做数据清除，一来这种误拼不容易区分，二来即使清除，对我们的统计分析意义也不大，因为在大数据量下这种误拼所占的比例比较小且不被关注，属于小概率事件。对其他情况也未做进一步处理，包括没有进行英文大小写字母的转换等。尽量保留原始用户使用搜索引擎的各项记录，以反映用户的真实信息需求。

清理后的数据统计结果为：用户查询日志包括 125 636 个查询记录，43 064 个不同的查询串，21 613 个来自不同 IP 的用户；用户点击日志包括 118 008 个点击记录，90 184 个不同的 URL，14 795 个来自不同 IP 的用户。

6.3　用户的查询与点击行为分析

6.3.1　用户的查询类型与数量

我们首先将用户的查询分为三类：第一次查询、修正查询和相同查询。

第一次查询，即在某一时间段内，用户对系统的第一次访问，也等同于用户的数量。修正查询，是指一个用户在后继的查询中，查询串内容不同的查询，是对上次查询内容的修订或者输入一个新的查询串。相同的查询是指一个用户的后继查询中，查询项串的内容与先前的某一个查询相同，这可能来自两个方面：一方面是用户重新输入该查询串进行查询，另一方面是用户的翻页，系统记录了相同的查询串。

表 6-1 用户的查询类型及其所占的比例

查询类型	数量	百分比
第一次查询	21 613	17.2%
修正查询	36 719	29.2%
相同查询（包括翻页、重新检索与重新输入）	67 304	53.6%
整体	125 636	

对查询日志建立 IP 查询串链表，统计各类型查询的数量，结果如表 6-1 所示。第一次查询和修正查询表示不同用户或同一用户的不同查询需求，表 6-1 显示：这两项查询约占总查询次数的46.4%，翻页、重新检索与重新输入的查询占总查询次数的 53.6%。

对 IP 查询串链表序列的各链表进行统计计算，得到一天内单个用户的平均查询次数为 5.813 ，中值和标准方差分别为 2 和 11.79，这表明少数用户进行了较多的查询，查询次数的差异比较大，具有重尾分布的特征。多于 50%的用户进行了 1～2次查询（包括翻页）。平均单个用户输入的不同查询串为 2.7，中值和标准方差分别为 2 和 4.8，可见用户输入不同查询串的差异要小得多，并且多于 70%的用户只进行了 1～2 次不同的查询，超过 4 次以上的不同的查询不到 10 %。

6.3.2 查询串中包含中文字符的情况

对查询日志中的所有查询串所包含的字符类型进行统计，结果如表 6-2 所示，该表显示：纯中文的查询串将近占到总查询量的 3/4；纯英文的查询只有 1/10多一点；而纯数字的查询很少，只有 0.5%左右；多达 104 244 个查询串包含中文字符，占总查询量的 82.97%；中英混合的查询串占一定的比例（7.15%）。这一结果表明天网用户以中文查询为主，应重点处理与优化中文词的索引，同时加强中英混合词索引的建立。

表 6-2 查询串中包含的字符类型

查询串的类型	数量	百分比
纯中文	91 958	73.19%
纯英文	14 593	11.62%
中英混合	8 987	7.15%
纯数字	667	0.53%

查询串中包含几个汉字呢？通过对查询日志中包含汉字的个数进行统计，结果显示 54％的查询串中包含2～4个汉字，其中包含4个汉字的最多，约占总查询次数的22.5 ％。这一点也可以从如下用户输入查询串的长度分布得到反映。

对查询日志中所有查询串的长度进行统计，结果如图6-1所示，其中横坐标表示查询串的长度，单位为字节；纵坐标表示其所对应的百分比（％）。该图显示查询串长度为8个字节的查询最多，约占21.1％❶，平均长度为9.15字节，最长的查询串为160个字节。该图还显示其长度分布曲线呈锯齿状，长度为偶数字节的查询串明显多于相邻的奇数字节的查询串。这显然与多数查询串含有中文字符有关，一个中文字符占用两个字节。

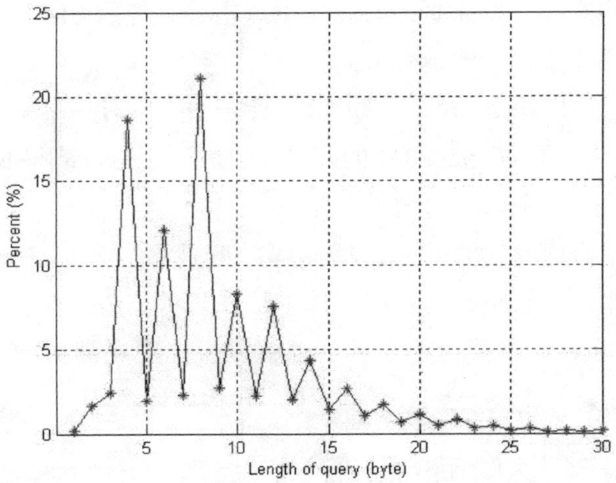

图6-1　用户输入查询串的长度分布

6.3.3　查询串中含有的词项个数

由于用户使用布尔操作（AND，OR，NOT）所占的比例比较小[1]，一般不到10％，所以为了保持用户界面的简洁性，许多搜索引擎已经不再设置高级检索功能。英文搜索引擎的日志统计显示：查询串包含两个词项的比例较大，平均在2.2～2.6之间[2]。

❶ 这与前述结论"查询串中包含4个汉字的最多，占总查询次数的22.5 ％"并不矛盾，由于包含4个汉字的查询串，其长度大于等于8。

我们对查询日志中查询串是否含有空格进行统计分析，发现有 109 353 个查询串不含空格，占到总查询次数的 87.04%，包含 1 个空格的查询占 9.16%，包含两个空格的查询占 2.81%，超过两个以上空格的查询不到 1%。这表明多数中文用户只输入一个词项。之后，我们对查询日志中所有查询串的出现频率进行统计，结果显示前 100 个热点查询串中只有一个查询串包含一个空格，前 80 个热点查询串没有一个包含空格。

6.3.4 结果页面的查看与时间间隔

搜索引擎的返回查询结果通常以每 10 个记录构成一个结果页面，每一个记录包括：标题、URL、内容摘要、原网页的类型和大小、历史网页（或称网页快照）等信息。用户在浏览结果页面时，可以点击感兴趣的 URL，查看其对应的网页内容，也可以翻页查看其他结果页面。

我们对用户查看结果页面的数量进行统计表明：约有一半（49.8%）的用户只查看了第一个结果页面，80.8%的用户查看了前三个结果页面，只有不到 0.1%的用户查看了 10 个以上的结果页面。

用户查看结果页面（翻页）的时间间隔一般是多少呢？以 10 分钟为会话的时间段，我们对用户的翻页行为进行统计，结果显示：用户查看结果页面的平均时间间隔为 172.98 秒，中值为 118 秒，也就是说，用户翻页的时间间隔大约是 2～3分钟。

6.3.5 用户到达时间的分布

掌握用户对系统访问时间的分布有利于系统资源的配置。我们以 30 分钟作为时间间隔，统计用户对系统访问的数量，结果如图 6-2 所示，其中横坐标表示时间，纵坐标表示用户访问数量占到总查询数量的百分比。该图显示：一天中用户到达的时间出现三个波峰，早晨 10：30、下午 4：30 和晚上 8：30，用户的最少访问量发生在凌晨 3：00 至早晨 7：00。

具体地，早晨 7：00 以后天网用户访问量一路攀升，在上午 10：30 左右达到一天的第一个高峰，随后逐渐减少，中午 12：00 达到一个波谷，随后用户量持续增加，到下午 4：30 左右达到一天用户访问量的最高峰，下午 6：00 为另一个波谷，到晚上 8：30 又达到一个小的峰值点。随后用户量持续减少，至凌晨 5：00 左右跌入一天用户访问量的最低值。

我们的另一项研究显示：短期内（如一两个月）天网用户每个工作日（周一至周五）的访问量基本相同，时间分布也非常类似，周六、周日的到达时间略有差异，整体呈现周期性波动，用户的访问量可用时间序列中的潜周期模型（hidden periodicity model）来描述。

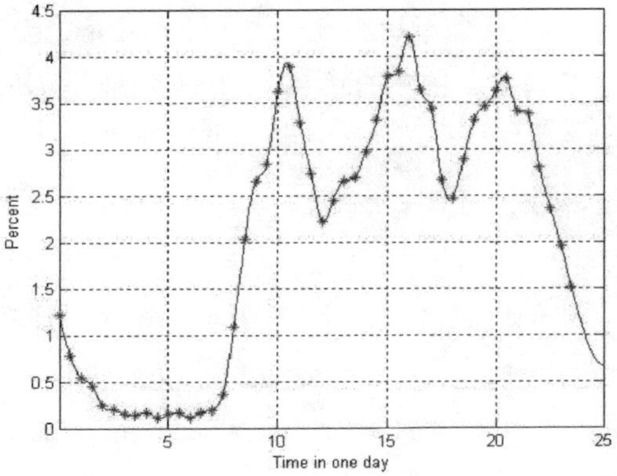

图 6-2　一天中用户访问时间的分布

6.3.6　用户点击 URL 与历史网页的查看

点击 URL 的次数从一个方面反映了用户对系统返回结果的满意程度。我们对清理后的用户点击日志进行统计，结果显示共有 118 008 个点击记录，来自 14 795个不同 IP 的用户，平均每个用户点击 7.97 个 URL，中值为 4，方差为 14.92，由此可见用户的点击数量也存在较大的差异，有较高的偏斜度。近 70％的用户点击 URL 的次数不大于 6，约有 20％的用户其点击 URL 的次数大于 10。与查询日志记录对比，在所有查询用户中有 68.5％（即多于 2/3）的用户点击了系统反馈的某一查询结果。

历史网页是搜索引擎系统在搜集该网页时保存到本地的网页内容，它反映的是系统搜集时的网页内容，可能现在的原网页内容已经发生了变化。当原网页已经删除或暂时无法访问时，有些用户选择了查看历史网页来寻找自己感兴趣的信息。

目前的天网点击日志记录了用户查看历史网页的信息，统计发现有 4 213 个历史网页被点击，只占总点击量的 3.5％，这些历史网页来自于 1 112 个不同的 IP，占点击用户总量的 7.5％，占查询用户总量的 5.15％。这一结果表明多数用户喜欢直接从原始站点获取网页，点击历史网页的用户所占比例较小。

6.4 不同查询串、用户量和 URL 数量的特征

根据用户查询或点击数量预测不同查询串、不同用户和不同 URL 数量对系统预取查询结果或 URL，制订 Cache 替换策略，进而提高搜索引擎的性能具有一定的指导意义。我们考察这三个指标变量是否可用 Heaps 定律来描述。在计算语言学中，Heaps 定律用于描述文档集合中所含单词总量与不同单词个数之间的关系：设一个文档集合共含有 N 个单词，其中不同单词的个数为 M，则有：$M = C \times N^a$，其中，C 和 a 是常数，且 $0 < a < 1$。对大量的英文文档进行统计发现该定律一般成立[2]。

对用户查询日志，我们以每 5 000 个记录为一个单位计数其不同查询串与不同 IP 用户的数量。对用户点击日志，同样以每 5 000 个记录为一个单位计数其不同 URL 的数量。结果如图 6-3 所示，其中横坐标表示查询串、用户和点击 URL 数量的对数值，纵坐标表示不同查询串、不同用户量和点击不同 URL 数量的对数值。该图显示这三者的增长速度明显不同，其中不同用户数量的增长速度最慢，其次为查询串，点击不同 URL 数量的增长速度最快，这表明三者的分散程度存在一定的差异，选择点击 URL 的分散程度最高。

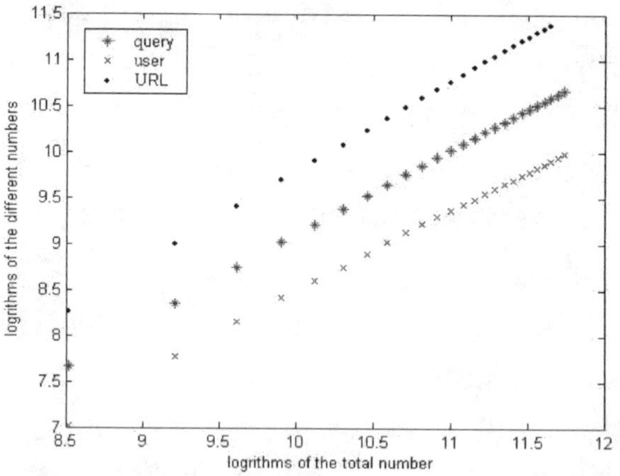

图 6-3 日志中不同查询串、用户量和 URL 数量

图 6-3 中的数据点近似分布在三条不同的直线上。计算 $\ln M = a\ln N + b$ 的最小二乘解，分别得到参数 a，b 的取值，进一步可得回归方程 $M = C \times N^a$。对查

询串数量、用户数量和点击URL数量的这三个变量拟合后的回归方程分别为：$M_1 = C_1 \times N^{0.92}$，$M_2 = C_2 \times N^{0.88}$，$M_3 = C_3 \times N^{0.98}$，其中，$C_1 = 0.85$，$C_2 = 0.66$，$C_3 = 0.89$。用方差分析方法检验，在显著水平$\alpha = 0.05$下，这三个回归方程都是显著的。

6.5　小结

挖掘搜索引擎用户日志，发现其固有的规律性，用以提高搜索引擎系统的性能，为用户提供更好的查询服务。本章选取天网2003年11月18日的用户查询与点击日志，针对其中文特性和用户使用特征进行了研究和分析，主要有以下结果。

（1）多于70％的用户在一天内只进行1～2次不同的查询；多于2/3的用户点击了结果页面中的某些URL。

（2）用户输入的查询串中87％的只有一个词项，而英文一般有两个词项。

（3）查询日志中多达83％的查询串包含中文字符，其中以2～4个汉字居多。

（4）用户查看结果页面的时间间隔大约是2～3分钟。

（5）查看历史网页（或称网页快照）的用户所占的比例较小。

（6）用户的访问时间并不均等，一天中出现三个波峰，早晨10：30、下午4：30和晚上8：30，用户最少的访问量发生在凌晨3：00至早上7：00。

（7）用户日志中不同查询串、不同用户量和点击不同URL的数量满足Heaps定律。

参考文献

[1] Jansen B J, Spink A, Saracevic T. Real life, real users, and real needs: a study and analysis of user queries on the web [J]. Information Processing and Management, 2000, 36 (2): 207-227.

[2] Baldi P, Frasconi P, Smyth P. Modeling the Internet and the Web, Probabilistic Methods and Algorithms [M]. John Wiley, 2003.

[3] Silverstein C, Henzinger M, Marais H, et al. Analysis of a very large altavista query log. //

SRC Technical Note 1998-016, 1998.

[4] Xie Y, O'Hallaron D. Locality in search engine queries and its implications for caching [C] // INFOCOM 2002. Twenty - First Annual Joint Conference of the IEEE Computer and Communications Societies. Proceedings. IEEE. IEEE, 2002, 3: 1238-1247.

[5] Ozmutlu S, Spink A, Ozmutlu H. A day in the life of Web searching: an exploratory study [J]. Information Processing and Management, 2004, 40: 319-345.

[6] 王建勇，李晓明，单松巍，等．海量 Web 搜索引擎系统中用户行为的分布特征及其启示 [J]. 中国科学（E），2001，Vol. 31（4）：372-384.

[7] 天网搜索引擎．http：//e. pku. edu. cn.

第7章　多任务中文Web查询分析

用户在使用Web搜索引擎进行信息查询时，可能包含单个或多个主题（多任务）。本章针对天网搜索引擎系统的多任务Web查询进行研究和分析，结果显示：多于1/3的用户进行多任务Web查询；超过1/2的多任务会话包含两个不同的主题并进行2～7次查询；多任务会话时间的均值是一般会话时间均值的两倍；用户的多任务查询主要有三个主题：计算机、娱乐和教育，近1/4的多任务会话中包含不确定的信息。用关联分析的方法发现了用户查询主题之间的一些关联关系。

7.1　引言

分析搜索引擎系统与用户交互的日志记录是研究用户信息查询行为的一种基本方法；对Web搜索引擎用户信息查找的一般行为特征的分析已有许多研究成果[1,2]。最近的信息检索研究表明：用户的信息查询行为可能包含多个主题（多任务）[3-5]，如：用户开始时查找“计算机”类的信息，随后查找“娱乐”类的信息，这属于两种不同主题的信息查询。

文献［3］的研究显示：用户在不同信息环境（问卷调查、Excite查询、在线数据库、学术图书馆）下都存在多主题信息查询。文献［4］、［5］分析了Excite和AlltheWeb这两个分别以美国和欧洲用户为主的搜索引擎的多任务查询的特征，结果显示每个多任务会话平均包括3个不同的主题，每个主题提交4～5个查询等。

由于地域与语言环境的不同，用户进行信息查询的模式也有区别，如我们的先期分析显示：中文用户的查询串通常只含有一个词项，而英文查询有两个词项[2]。那么，中文多任务Web查询具有什么样的特征？查询主题之间具有怎样的关联关系？本章就这一问题进行研究和分析。

7.2 数据集与实验设计

北大天网搜索引擎系统是一个面向国内用户，以中文信息查询为主的公益性搜索引擎，到 2004 年年底已搜集到国内近 3 亿个静态网页，平均每天用户查询量 20 余万，用户点击记录 10 余万条，约有 83％的查询串含有中文字符[2]。

天网按用户与系统的交互时间，在日志文件中按顺序存放了用户的查询记录。每条记录包含用户查询时提交的查询串、提交时间、用户 IP、页号（查询结果分页显示，每页显示 10 个查询结果，用户首次查询页号为 1，用户翻页时页号即为用户选择的结果页面号）、是否在 Cache 中命中等信息。用户查询日志的一个简单的记录格式为

Wed Nov 20 01：12：34 2002　// 提交时间

216.221.81.＊＊　// 用户 IP

Database　// 是否在 Cache 中命中

数据结构　// 查询串

1　// 页号

我们选取了 2002 年 11 月 20 日 0 时至 24 时的用户查询日志进行抽样分析。

采用搜索引擎日志分析中一些术语的特定含义，一个词项（term）是指一个不间断的字符序列，即中间不含空格项；一个查询串（query）由一个或多个词项组成，即用户在搜索框内输入的查询内容；一个用户会话（session）是指单个用户在一段时间间隔内所提交的整个查询序列，它既可能只包含一个查询串，也可能包含多个查询串。

仅从用户日志中无法确定一个查询记录来自单个用户、多个用户（代理）还是程序的抓取（如元搜索引擎的爬取器）。按通常的搜索引擎日志的数据清理方法，我们将用户会话的长度限制在 100 以内。基于天网数据的特性，我们还对日志做了一些其他的预处理工作，包括查询串中的大写字母转换为小写字母，删除查询串左右多余的空格等。由此得到 28 975 个用户会话（占原始会话的 99.3％），随后在该数据集中进行随机抽样，得到 1 000 个用户会话，作为我们进行试验的样本集合。

对样本进行统计发现：该样本包括 7 430 个查询记录、2 635 个不同的查询串。之后人工判断这些查询串所属的主题（共有 17 个查询主题）。由此我们可以

确定哪些会话为多主题会话，并分析这些多主题会话具有什么样的特征，进而挖掘用户查询主题之间的关联关系。

7.3　实验结果

（1）多任务性

在抽样得到的 1 000 个用户会话中有 386 个为多主题会话，占样本总数的 38.6％。原样本含有 2 635 个不同的查询串，其中 1 896 个查询串出现在多任务会话中，占样本查询串总数的 71.5％。

在样本数据中，我们对长度大于 2 的会话（即用户与系统交互两次以上）进行统计，结果显示多主题会话占到 55％。进一步，在进行两个不同查询串的用户会话中，约有 72％为多主题会话。

这 386 个多主题会话共包含 5 207 个查询记录，平均每个会话进行了 13.5 个查询，而在所有的样本中，平均每个会话进行 7.4 个查询，前者几乎是后者的两倍。对多主题用户会话，统计每个会话所包含的查询次数，结果如图 7-1 所示。统计计算显示：约 50％的多任务会话进行了 2～7 次查询。

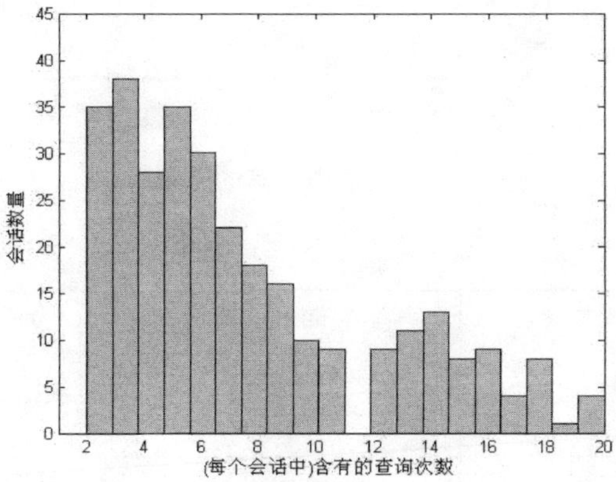

图 7-1　用户会话中含有的查询次数

（2）查询主题的变化

在这 386 个多主题会话中，总共发生了 773 次主题变化，平均每个会话发生了 2.0 次主题变化，也就是说每个会话平均进行 3.0 个不同主题的查询。

统计每个用户会话所包含的主题数量，结果如图 7-2 所示。该图显示半数以上（51%）的多主题会话只进行了两个不同主题的查询。平均每个主题进行了4.5个查询。

（3）会话的持续时间

多任务会话的平均持续时间为12 018秒，标准差为16 918秒。这显示不同的多任务会话的持续时间存在很大的差异。与新手相比，有经验的用户可能会很快向系统提交他们的查询。在总体样本数据中，用户会话的平均持续时间为54 364秒，多任务会话的持续时间是一般会话时间的2.2倍。

进一步统计显示：多于52%的多主题会话在一小时内完成，约有1/4的多主题会话在10分钟内就完成了。而在样本数据中，近80%的用户会话在一小时内完成。

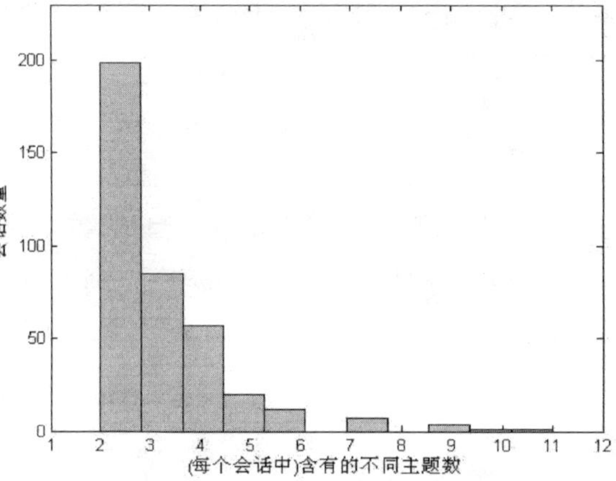

图7-2　会话中含有的主题数

表7-1　查询串的类别

类别	各类查询串的查询次数（%）	多任务会话中含有的查询主题（%）
计算机/网络	21.3	46.1
科学	10.2	28.2
教育	12.0	29.0
人文艺术	4.8	13.7
经济贸易	4.1	10.9
医疗健康	2.0	5.4
政府/政治	3.6	11.4

续表

类别	各类查询串的查询次数（%）	多任务会话中含有的查询主题（%）
新闻	0.9	5.4
工作/职业	3.8	13.4
个人/家庭	2.7	12.7
旅游	3.2	10.1
购物	2.9	9.6
业余爱好	2.5	6.5
娱乐	11.5	33.4
成人内容	2.4	7.3
一般信息	5.2	26.2
不确定的信息	6.8	23.8

（4）查询主题的类别

依照文献［4］、［5］所提出的用户查询串分类体系，我们设定了 17 个类别，并手工判断了样本中所包含的 2 635 个查询串所属类别，多任务会话中包含了 1 896 个查询串。按类别统计多主题会话中查询串出现的次数，结果如表 7-1 第二列所示。该列显示：查询次数比较高的前三类分别是计算机/网络、教育、娱乐类查询信息，共占整体查询次数的 44.8%。

每一多任务会话都包含若干个主题，对多任务会话中的主题分布进行统计，结果如表 7-1 第三列所示。该列显示：近一半的多任务会话包含“计算机/网络”类的查询信息；约有 1/3 的多任务会话包含“娱乐”类的查询信息；只有 7%的多任务会话包含“成人内容”类的查询信息；“不确定信息”的查询出现在 23.8%的多任务会话中。

（5）关联分析

为分析多任务会话中用户查询内容间的规律性，我们使用关联规则挖掘技术来发现用户查询主题之间的关联关系。将查询主题的类别看作项（item），17 个查询类别构成一个项集（itemset），每个多任务会话看作一个事务（transaction），并设定最小支持度阈值为 10%，最小置信度阈值为 40%，选用改进的 Aprior 算法进行关联规则的挖掘。

结果显示了用户查询主题之间的关联关系，如：查询“娱乐”类信息的用户一般也查询了“人文艺术”或者“旅游”类的信息，查询“科学”或者“教育”类信息的用户一般也查询了“计算机/网络”类的信息。这一结果可用于用户查询内容的预测。

7.4 讨论

根据天网的用户查询记录，我们发现了中文搜索引擎用户多任务 Web 查询的一些基本特性：38.6%的用户进行多主题 Web 查询，明显多于 Excite 搜索引擎的 11.4%，与 AlltheWeb 搜索引擎的 31.8%比较相近[4]。多主题会话中用户所提交的查询串占整个样本所含查询串的 72%，大大高于 AlltheWeb 搜索引擎的 44.3%[5]。这显示天网用户进行多任务 Web 查询的比例比较高，用户使用的查询串一般会在多任务用户会话中出现。

超过 1/2 的多任务会话包含 2～7 个不同主题，这与 AlltheWeb 多任务会话中含有 4～22 个主题存在着较大的差异[5]。平均每个多任务会话有两个主题的变化，即进行 3 个不同主题的查询；会话的持续时间是通常会话持续时间的 2.2 倍。这一结果与文献［4］的结果类似。会话持续时间的差异通常是由用户提交了较多的查询所造成的。

天网系统具有较高比例的计算机/网络、教育、科学等主题的查询信息，这从一个方面揭示了天网用户群的特征，即教育与科研领域的用户较多。近 1/4（23.8%）的多任务会话中包含“不确定信息”的查找，这表明仍有许多用户不能较好地表达自己的信息需求。

查询主题间的关联关系反映用户查询需求的一种共性，它为用户查询行为预测、个性化搜索引擎服务提供了一种参考指标。

7.5 小结

通过本章的分析，我们发现了多任务中文 Web 查询的一些特征，并与 Excite 和 AlltheWeb 的多任务 Web 查询进行了比较。结果表明：多任务 Web 查询是人们进行信息查询时的一种常见模式，它揭示一些用户在有几个信息需求时才进入 Web 搜索引擎系统进行信息查询。

多任务Web查询具有较复杂的查询模式，需要更有效的检索技术为如此复杂的查询结构提供服务。目前的信息检索系统主要服务于用户的单任务查询，如何使Web搜索引擎系统支持用户的多任务查询是一个需要研究的问题。

参考文献

[1] 李晓明，闫宏飞，王继民．搜索引擎原理、技术与系统［M］．北京：科学出版社．2005.

[2] 王继民，陈翀，彭波．大规模中文搜索引擎的用户日志分析［J］．华南理工大学学报，2004. 32（S）：1-5.

[3] Spink A，Ozmutlu H C，Ozmutlu S. Multitasking information seeking and searching processes［J］．Journal of the American Society for Information Sciences and Technology，2002. 53（8）：639-652.

[4] Ozmutlu H C，Ozmutlu S，Spink A. Multitasking Web Searching and Implications for Design［M］.//ASIST' 03：Annual Meeting of the American Society for Information Science and Technology. 2003. Long Beach，CA.

[5] Ozmutlu H C，Ozmutlu S，Spink A. A Study of Multitasking Web Searching［C］.//IEEE ITCC' 03：International Conference on Information Technology：Coding and Computing. 2003. Las Vegas，USA.

第 8 章　搜索引擎用户点击行为分析

对北大天网搜索引擎系统的用户点击记录进行深度分析，结果显示：用户点击不同 URL 的数量遵从 Heaps 定律，点击 URL 的频度频级服从类 Zipf 分布，点击 URL 与页面大小相关，点击 URL 具有时间局部性，其顺序具有自相似性特征等一些具有普适性的规律。本章还提出了利用点击日志确定相近查询词的一个有效算法。这些研究结果对于掌握用户的搜索行为、完善搜索引擎系统的设计，提高检索服务的效率和质量具有重要的意义。

8.1　引言

Web 页面是万维网上可通过 http 协议访问的一类文档，即我们常说的网页，它的一个主要特点是网页上包含大量的超链信息，如果把网页看作结点，把超链看作有向边，那么整个 Web 就构成了一个有向图。该有向图中页面的分布呈蝴蝶结状[1]。现在人们广泛使用的搜索引擎系统就是通过程序自动地遍历这个有向图，抓取和分析网页，建立索引，为用户提供服务[2]。

Web 搜索引擎系统主要维护两类日志：用户查询日志和点击日志。用户的查询日志记录用户向搜索引擎提交查询的相关数据，一般包含查询词、时间、用户信息（IP 地址、浏览器类型）、查询结果等信息。用户点击日志是在用户浏览查询结果时点击结果页面中的 URL 时被系统自动记录的，一般包含点击时间、点击的 URL、用户 IP 地址、点击 URL 的序号（该页面在查询结果中的排序位置）、该点击对应的查询词等信息。它记录和反映了查询结果中用户感兴趣页面的相关信息。目前针对用户查询日志的分析已有一些研究结果[3-6]，而针对用户点击日志，特别是中文搜索引擎的分析和研究相对较少，本章基于用户的点击记录，试图解答：用户关心什么样的 URL（即对应页面的大小、类型）？对搜索引擎系统来讲，这样的点击过程具有什么样的规律与特征？如何利用用户的点击信息改进我们的搜索引擎系统？如何利用点击日志找到一具体查询的相近查询词？

基于此，我们抽取了天网2003年两个月的用户点击日志，统计分析了：用户点击不同URL数量的增长与点击URL总量之间的关系；点击URL的频度频级关系；URL序号与点击频度的关系；用户点击URL对应页面的大小与索引库中页面大小之间的差异。上述结果显示用户点击URL具有时间局部性，为此我们对点击URL的时间间隔进行了统计分析，并证明了用户点击URL过程具有自相似性特征。用户对搜索引擎系统评价的一个基本指标是：是否在返回结果中找到了他（她）真正感兴趣的URL；对应不同的查询词，用户点击了同一个URL，可以表明这些查询词可能是相关的，基于这样的认识，我们提出了一个确定相近查询词的一个新的有效算法。

本章内容安排如下：8.2节简要介绍了天网搜索引擎及其点击日志的数据格式；8.3节对点击页面的基本特征进行了分析；8.4节重点讨论了点击页面的局部性特征；8.5节研究如何对一个给定的查询词，找到其相近查询词列表。8.6节是本章的结论。

8.2　用户点击日志

天网于1997年10月正式在CERNET上为广大用户提供Web信息导航服务[7]，系统的体系结构从早期的集中式发展到了现在的并行分布式，无论搜集的网页质量还是提供的服务质量都已发生了很大的变化，目前成为国内最好的公益性搜索引擎。到2004年10月天网搜集系统已搜集到国内静态网页2.85亿个（不包括通过提交查询词动态生成的网页），每天用户访问量20余万，用户点击记录10余万条。表8-1为天网搜索引擎的用户点击日志的一个完整记录。

表8-1　天网用户点击日志记录格式

字段	说明
21657551202.197.59.21288071	会话标识
Mon Sep　1 00：00：00 2003	点击时间
xxx.xxx.xxx.xxx	用户IP地址（经过变换，保护用户隐私）
湖南省成人高考	查询词
http：//202.106.182.194/search_ dir/jy/zk/cr/index.html	点击的URL
34075652	点击的页面编号
7	点击页面的排序

为促进国内搜索引擎研究的共同发展与提高，天网系统的用户日志对国内研究人员开放，本章选取了2003 年9 月 1 日到10 月 31 日共两个月的用户点击日志进行分析，基本的统计数据如表 8-2 所示。

表 8-2　天网 2003 年 9～10 月用户点击日志的基本数据

名 称	数量（个）
点击记录总数	6 583 486
不同的 URL 数	2 251 115
不同的查询数	702 067
不同的 IP 数	347 817

用户会话为提交一次查询、后续的翻页以及在结果页面中点击 URL 的全部过程。天网未使用 Cookie 技术标识用户查询的会话，以用户 IP 地址来区分用户。本章中不进行用户会话分析，分析对象包括用户点击的 URL、点击对应的查询词和用户 IP，这些数据对象先经过整数编码，赋予全局唯一的连续整数标识，以便于后续处理和分析。

在对天网查询日志的访问量进行建模分析时，能发现某些时刻个别用户的异常行为，如来自某一 IP 地址的用户 40 分钟内对同一查询词执行 1 万多次查询，这显然属于使用程序进行恶意攻击所致。但我们对用户的点击日志进行访问量的统计时并未发现类似的异常行为，故在对这些数据进行统计分析时未做进一步的数据清理。

8.3　用户点击 URL 的特征分析

8.3.1　用户点击不同 URL 的数量遵从 Heaps 定律

Heaps 定律用于描述文档集合中所含单词总量与不同单词个数之间的关系。设一个文档集合共含有 N 个单词，其中不同单词的个数为 M，则有 $M = C \times N^a$，其中，C 和 a 是常数，且 $0 < a < 1$。对大量的英文文档进行统计发现该定律一般成立[1]。

我们以 2003 年 9 月 1 日的查询日志为基准，依次统计前 k 天用户点击 URL 的总数和不同 URL 的个数（$1 \leqslant k \leqslant 60$），直到 10 月 30 日共 60 天的数据。在双对数坐标系下，其散点图近似为一条直线，如图 8-1 所示，其中横坐标表示点击 URL 数量的对数值，纵坐标表示点击不同 URL 数量的对数值。计算 $\ln M = a\ln N + b$ 的最小二乘解得到：$a = 0.77$，$b = 2.46$。进一步可得回归方程 $M = C \times N^{0.77}$ 。由此可知：天网用户点击不同 URL 的数量遵从 Heaps 定律，从而揭示了用户点击 URL 的重复度很高，这从一方面显示了用户点击 URL 可能具有局部性的特征。

进一步统计分析显示：①尽管用户每天点击总体与不同 URL 的数量各不相同，但其比值比较稳定。在这两个月中，平均每天点击不同 URL 的数量占每天用户点击 URL 总量的 76.6％，且此比例值呈正态分布，均值为 76.6％，标准差仅为 0.5 ％。②在第二个月用户点击的 URL 中，每天约有 70％ ～75％的 URL 在过去一个多月中已被点击过，即每天只有 1/4 左右的点击 URL 是新出现的。这些结果表明，用户关注的页面在系统维护的网页索引库中非常集中。这也意味着搜索引擎可以针对少量常被用户关注的页面进行索引优化，在保证检索效果的同时，提高检索系统效率。

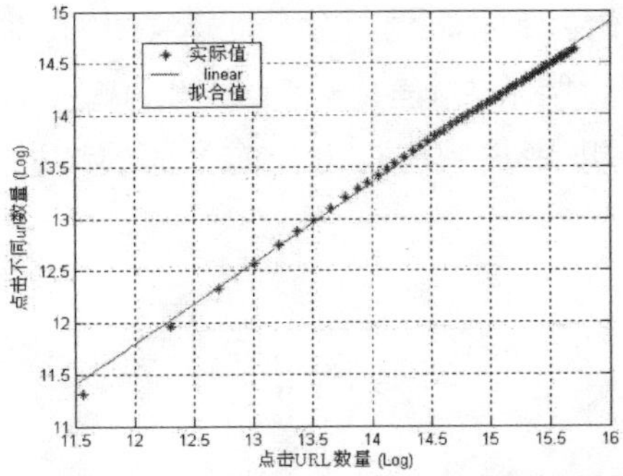

图 8-1　点击不同 URL 的数量遵从 Heaps' Law

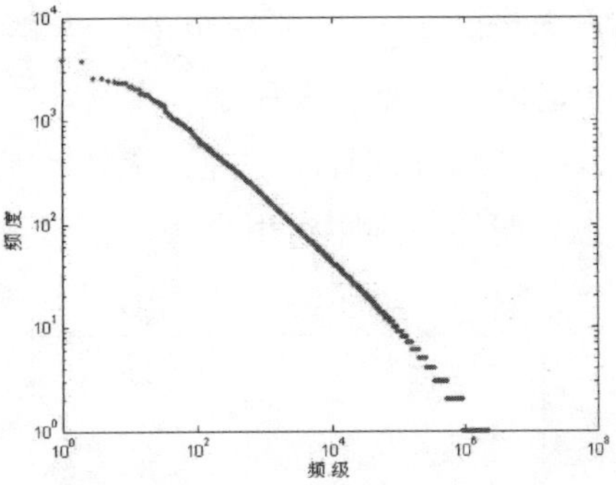

图 8-2　点击 URL 的频度频级关系

8.3.2　点击 URL 的频度频级分布

在两个月的用户点击日志中，用户共产生了约 658 万次点击，平均每天的点击量近 11 万次，其中点击不同 URL 约有 225 万个，平均每个 URL 被点击 2.9 次。而被点击一次的 URL 数量为 123 万个，占总体被点击 URL 数量的 54.8％，在剩余 45.2 ％ 的 URL 中，平均每个 URL 被点击 5 次。

对这些不同的 URL，按其频度从大到小进行排列，并在双对数坐标系下绘出点击这些 URL 的频度频级关系图，如图 8-2 所示，其中横坐标表示 URL 的频级，纵坐标表示其对应的频度。图 8-2 显示这两个数值之间具有近似的线性关系，计算 $\ln f_r = a\ln r + b$ 的最小二乘解得到 $a = -0.76$，$b = 10.9$。进一步得到回归方程 $f_r = C \times r^{-0.76}$ 。由此得知：天网点击日志中用户点击 URL 的频度-频级关系为 Zipf 曲线形式的多项式衰减函数，属于类 Zipf 分布[3]。这一结果进一步表明用户点击 URL 具有集中分布的特性。

8.3.3 URL 序号-频度关系

在搜索引擎中，用户每一次查询，系统将反馈几百甚至上千个结果 URL 列表，它们按照与查询词的相关度进行排序，每个结果 URL 有一个序号；其中每 10 个 URL 及其摘要组成一页的结果信息。对点击 URL，按所在的序号进行点击频度统计，得到序号-频度关系。统计分析发现：①所点击 URL 的序号与频度呈现一种重尾特征；序号越大，被点击的频次越低。②前 10 个序号在结果页面的第一页，占整体点击量的 62%；前 20 个序号，即结果页面的前两页占整体点击量的 76%；前 30 个序号，即结果页面的前三页占整体点击量的 83%。③对占整体点击量的 83%的前三页的热点击 URL 的序号与频次进行分析，发现其符合 Zipf 定律，如图 8-3 所示，用最小二乘法的拟合结果为 $y = c/x^{1.06}$ ，$a = 1.06 \approx 1$，这一结果和查询日志的翻页统计[3]是一致的，即用户倾向点击较前页面的结果，这也表明结果排序对用户查询相当重要。

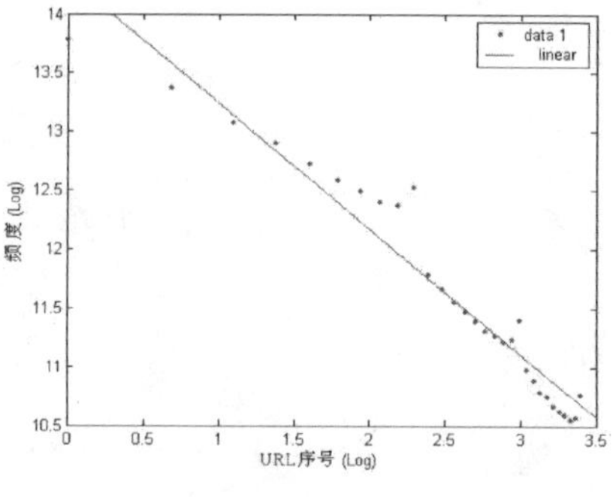

图 8-3 热点击 URL 的序号-频度关系

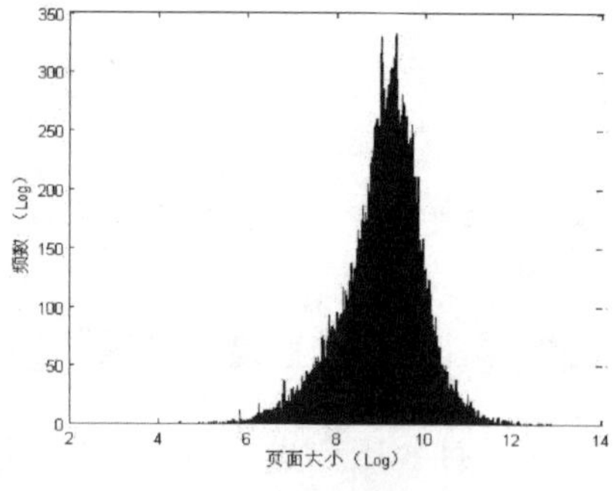

图 8-4 原始索引文档库中网页的大小分布

8.3.4 点击 URL 对应页面的大小

我们首先考察了原始索引文档库中各 URL 对应网页的大小分布情况。从索引文档库中分 10 次随机抽取 5 万个文档，统计发现其分布情况非常接近。现任取一次作为样本，用随机变量 x 表示对应网页的大小，统计计算其均值为12.3k、标准差为16.5 k、中值为9.2 k。构造 ln$x$ 的频数直方图，结果如图8-4所示，该图显示数据呈现正态分布的特征，由此认为 $Y=\exp(\ln x)$ 近似服从对数正态分布，即密度函数为

$$f(x)=\frac{1}{\sigma x\sqrt{2\pi}}\exp(-\frac{(\ln x-\mu)^2}{2\sigma^2})$$

对 ln$x$ 进行参数估计，点估计方法得到 ln$x$ 的均值 μ 与标准差 σ 分别为 $\mu=9.04$，$\sigma=0.88$。

随后我们对用户点击URL对应网页大小进行分析。选取两周的点击URL对应网页大小进行统计发现，其均值为23.1k、标准差为45.7k、中值为13.5k，这些数据同样具有对数正态分布的特性。对 ln$x$ 进行参数估计，用点估计的方法得到均值 μ 与标准差 σ 分别为：$\mu=9.5277$，$\sigma=0.9591$。该数据显示：点击URL对应网页大小的中值和均值都大于索引库中URL对应的网页大小。

进一步，我们对点击超过10次的URL对应的网页大小进行统计，结果显示其均值变为34 k、中值变为19 k，这一数据也显示了点击次数越高，中值和均值越大，这与我们的预想存在一定的差异，同时表明点击URL并不具备索引文档库中文档的随机抽取的特征，而是有一定的偏斜。

为研究点击URL对应页面大小之间的差异情况，我们将各数据集按其各自的原始序号进行排列，用计算机产生离散均匀分布随机数，分别抽取了10 000个点。构造其箱线图，如图8-5所示，三组数据自左至右分别表示各自取对数值后索引库中URL对应页面大小、点击URL对应页面大小、点击10次以上URL对应页面的大小分布。该图显示其URL对应页面的大小不断上升。这一结果表明用户对页面的关注程度和页面大小相关；相对较大、内容丰富的页面更被人们关注。

为分析URL对应页面大小与点击次数之间的关系，我们在双对数坐标下给出了页面大小与点击次数的关系，如图8-6所示，该图显示点击URL对应页面的大小介于一个相对小的范围，过大或过小的页面都比较小。从页面内容的角度分析，较小的页面由于包含信息量太少而不被点击，而过大的页面往往是小说、论文等这样内容单一的页面，通常只被少数用户关注。

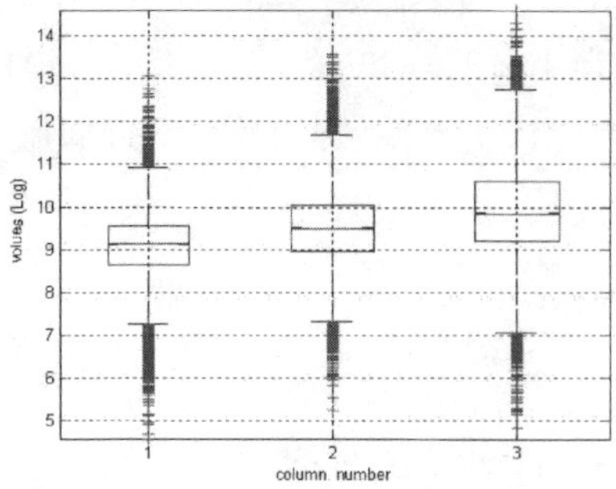

图 8-5　索引库中与点击页面大小的比较

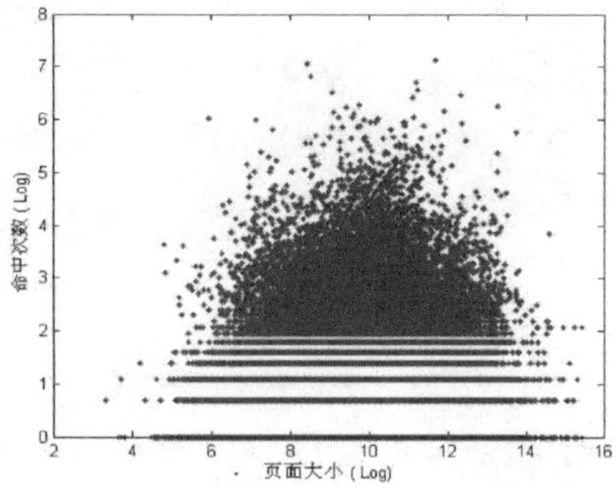

图 8-6 页面大小与点击次数的关系

8.3.5　点击 URL 对应页面的类别特征

天网搜索引擎于 2002 年年底开始提供分类目录导航服务，用户可以沿着系统提供的层次目录逐步进入自己感兴趣的特定领域[9]。

针对系统已分类的 300 万网页，我们对点击 URL 所对应页面的类别进行统计发现：各类页面的点击分布并不均等，表 8-3 显示了用户关心各类别 URL 的情况，第二行的数据表明：用户在天网搜索引擎中点击“计算机与因特网”类的比例最高，约占总点击量的 1/4；“商业与经济”、“自然科学”类分别占 1/5 和 1/6 左右；“政府与政治”类最低仅为 2.6 %。表中第三行统计了点击 URL 占原索引库类别的百分比，“计算机与因特网”类的比例仍是最高，达到 80%，其次为“自然科学”，“各国风情”类最低，仅有 10.4%的页面被关心。需要指出的是这一统计结果不仅与天网用户多数来自于教育网有关，而且与我们页面分类的准确性有关。故对此项结果数据，我们只能对其有一个概括性的认识，即用户点击的网页类别存在很大的差异。

表 8-3　点击 URL 对应页面的类别

	人文与艺术	商业与经济	娱乐与休闲	计算机与因特网	教育	各国风情	自然科学	政府与政治	社会科学	医疗与健康	社会与文化
占总点击量百分比（%）	3.4	19.4	6.5	25.0	2.7	4.8	14.9	2.6	10.2	7.4	2.9
点击 URL 占原索引库类别百分比（%）	42.4	23.8	41.9	80.9	39.9	10.4	54.1	22.5	44.5	24.1	18.2

8.4　点击URL的局部性与自相似性分析

随着互联网上网页内容更新（修改、变化）速度的加快[8]，越来越多的用户使用搜索引擎所提供的网页快照功能浏览原始网页信息。目前，天网搜索引擎使用中国Web信息博物馆（Web Infomall）[12]中的历史网页提供网页快照，它可以让用户浏览网页的历史变化情况。来自天网搜索的用户是Web Infomall系统访问量的一个重要部分。我们对点击URL的局部性进行分析，包括反映时间局部性的时间间隔分析和反映长期相关性的自相似性分析，所得到的结论对指导Web Infomall系统的页面缓存设计、提高系统性能有一定的指导意义。

8.4.1　点击URL的时间间隔

时间间隔的频度分布能够体现序列的时间局部性特征。我们首先抽取了一周的用户点击日志，统计了这段时间内所有30多万个不同URL出现的时间间隔。图8-7给出了整体分布的频次图，横坐标表示时间间隔为秒时的对数取值，纵坐标表示出现的频次。该图显示：频次比较高的时间点主要集中在取值比较小的一些时间点处，在尾部也出现了几个波峰。对首尾两个主要的时间段：0～60秒，10～100小时分别进行细化的分析，结果显示：①5秒的时间间隔最为频繁，其他依次为4秒、6秒和7秒。②1秒的次数明显高于0秒和2秒。③长时间间隔且频次较高的时间点为：12小时与24小时，其他依次为48小时、72小时和96小时。但整12的另外两个倍数间隔60小时、84小时并未达到频次取值的高峰，这也说明24小时是用户访问的主周期间隔，但12小时不具有这样的周期特性。

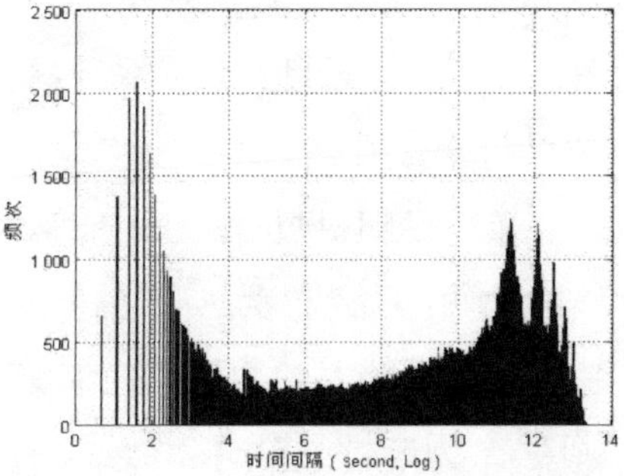

图8-7　点击URL出现的时间间隔

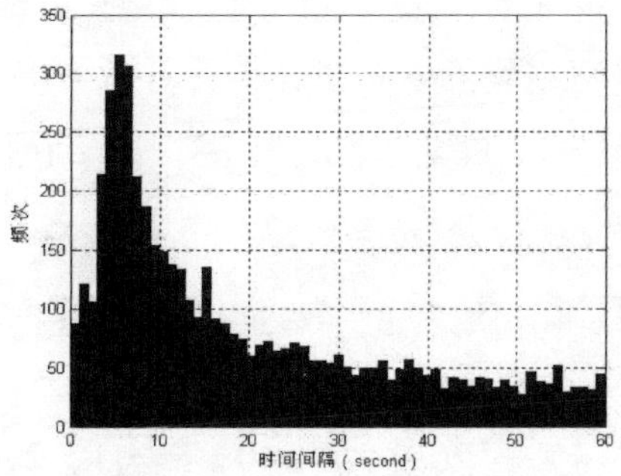

图8-8　时间间隔在60秒内点击URL的特征

我们随后又在这两个月的点击日志中抽取了10个不同的以一天为单位进行统计的样本，即统计一天内所有不同的URL出现的时间间隔，这些结果很类似。如某一天所有不同的URL共出现2.3万个不同的时间间隔，其分布与图8-7的形状类似。其中时间间隔在60秒内的有5 000多个，约占整体频次的21%，此时间段内的频次呈现一种重尾分布的特征，如图8-8所示。

由此可见，用户点击URL具有时间局部性的特征。进一步，我们对于这两个月中的前10个热点击URL的所有时间间隔分别进行了统计，通过构造其经验分布函数，得到如下结果：①约32%的点击时间间隔小于5分钟（300秒），②约50%的点击时间间隔小于10分钟（600秒），③约80%的点击时间间隔小于30分钟（1 800秒），④约90%的点击时间间隔小于50分钟（3 000秒），⑤这组数据的中位数为10.2分钟，平均时间间隔为21.8分钟。

从整体上来看，这些热点击的URL并没有突出的时间间隔特征。这10个URL的点击时间间隔基本服从Weibull分布，即分布函数为

$$p = F(x \mid a, b) = \int_0^x abt^{b-1} e^{-at^b} dt = 1 - e^{-ax^b} I_{(0, \infty)}(x)$$

分布参数 a、b 的取值区间分别为［0.005 4，0.008 9］和［0.64，0.71］。

8.4.2 点击URL的过程具有自相似性特征

文献［3］、［4］的研究表明：搜索引擎用户输入的查询词序列具有自相似性特征，以下我们来分析用户点击URL的过程是否也具有这一特性。

自相似性直观上说就是一组序列在很长的时间范围内表现出结构上的相似性；长期依赖性是它的一个主要特性。离散时间点上的自相似性随机过程的定义为：设 $X = \{X_t, t = 0, 1, 2, \cdots\}$ 是一个广义（或协方差）平稳的随机过程，X 具有恒定均值 $\mu = E[X_i]$，有效方差 $\sigma^2 = E[(X_i - \mu)^2]$，其自相关函数 $\gamma(k) = E[(X_i - \mu)(X_{i+k} - \mu)]/\sigma^2$，$(k = 0, 1, 2, \cdots)$ 仅与 k 有关。令 $X^{(m)} = (X_1{}^{(m)}, X_2{}^{(m)}, \cdots)$，$(m = 1, 2, \cdots)$ 表示一个 m 阶聚集广义平稳随机过程，其中，$X_k{}^{(m)} = (X_{km-m+1} + \cdots + X_{km},)/m$，$(k \geqslant 1)$。$X^{(m)}$ 的自相关函数为 $\gamma^{(m)}(k)$。若 $\gamma^{(m)}(k) = \gamma(k)$，$k \geqslant 0$，$m = 1, 2, 3, \cdots$，则称 X 为精确二阶自相似过程。若 $\gamma^{(m)}(k) \to \gamma(k)$，$k \geqslant 0$，$m = 1, 2, 3, \cdots$，则称 X 为渐进二阶自相似过程。

精确或渐进二阶自相似过程的最主要特征是当 $m \to \infty$ 时，其自相关结构并不

退化。当 $1/2 < H < 1$，自相似代表长相关随机过程，反之亦然。长相关是指当 $k \to \infty$ 时，自相关函数以渐进线的形式慢速退化，而非传统马尔可夫模型所描述的以指数形式快速退化，即长相关随机过程的自相关函数是不可加的：$\sum_{k=0}^{\infty} \gamma(k) = \infty$。

验证一个时间序列是否自相似，主要的方法有：方差时间法、R/S 分析法、Higuchi 法。

其中，方差时间法是基于自相似过程的聚集过程 $X^{(m)}$ 的方差呈幂指数规则衰减的特性，当画出 $\log(\mathrm{Var}\,X^{(m)})/\mathrm{Var}(X)$ 和 $\log(m)$ 的坐标图时，它应该得到一条直线，该直线的斜率为 $-\beta$，β 在（0，1）之间取值，而自相似参数 H（即 Hurst 系数）为：$H = 1 - \beta/2$，所以我们就可以比较简单地估计出 H 值。它是一个计算量不大且精度比较高的方法。

由此我们按顺序选取每 500 个点击 URL 作为一组，统计相邻两组中相同 URL 的个数，得到一个序列，用方差时间法验证该序列是否具有自相似性。

图 8-9（a）显示了横轴为 $\log(m)$，纵轴为 $\log(\mathrm{Var}\,X^{(m)})/\mathrm{Var}(X)$ 的取值情况，用最小二乘法拟合得直线斜率位 -0.26，即 $b = 0.26$，所以 Hurst 系数 $H = 1 - b/2 = 0.87$，这一数值高于查询词序列的 Hurst 系数 0.67，见文献[3]，这表明用户点击 URL 过程具有比查询词序列更强的自相似性特征。

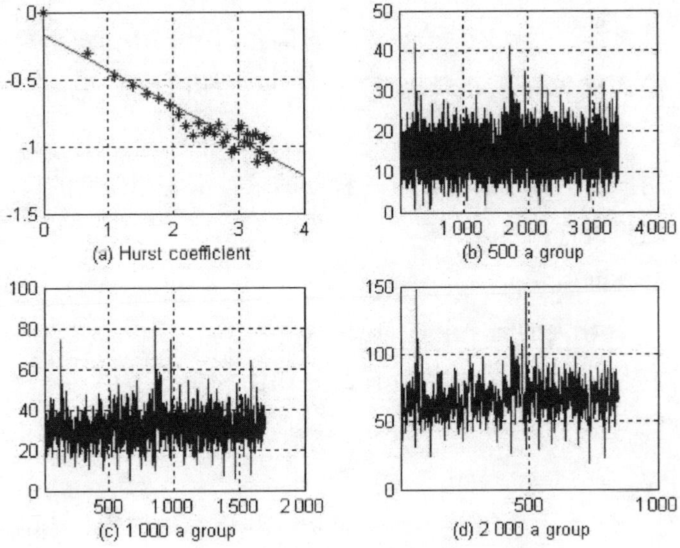

图 8-9　点击 URL 序列的自相似性

实验中，我们又分别以每 1 000 个，1 500 个，2 000 个，…，16 000 个 URL 作为一组，统计相邻两组中相同 URL 的个数，发现它们的实际点击过程的确具备这种自相似性的特性。图 8－9（b）～（c）分别为 500 个、1 000 个、2 000 个 URL 为一组时，其相邻两组之间重叠 URL 个数的情形。

8.5 确定相关查询列表

在搜索引擎的使用过程中，用户可以尝试不同的查询以期得到更加准确的查询结果。为方便用户进行查询修正或查询扩展，一些搜索引擎系统如 Google、百度等已经在用户第一次提交查询请求后，在系统的返回结果页面中为用户提供了一些相关查询词列表，供用户再次查询时参考，这为用户更精确地表达自己的信息需求提供了便利。

计算查询间的相似性主要考虑两种因素：①如果两个查询包含相同的词项，则它们可能是相近的，并且所含的共有词项越多，其相似性越高。②对两个不同的查询，用户点击了查询结果中相同的 URL，则两个查询可能是相近的。如文献［9］就是在仅考虑第二种因素的情况下，聚类得到相关查询词。具体地，基于用户点击日志，Beeferman 在文献［9］中首先构造一个二部图：依据查询-点击的关系连接顶点集合与点击 URL 集合，然后应用凝聚的（agglomerative）迭代算法进行聚类。其聚类过程是依次合并两个查询和两个 URL，直至迭代结束。该方法的一个缺点是不能较好地处理“噪声”数据，即用户误点击了某一 URL，两个不相关的查询可能被聚在一起。

我们基于用户点击日志，提出了一种新的求查询间相似性的算法。

算法：确定相关查询列表

输入：一个查询项 q_1

输出：与 q_1 最相关的前 k 个查询项

Step 1. 构造查询项为 q_1 时的所有点击 URL 的集合 U 。

Step 2. 对集合 U 中的每一个 URL，找到点击该 URL 的查询词 q_i ，归并到查询词集合 W 中。

Step 3. 对集合 W 中的每一个查询词 q_i ，找到查询词为 q_i 的所有点击 URL，归并到点击 URL 集合 U 中。

Step 4. 构造以查询词为行，以点击 URL 为列的查询-点击矩阵 **M**。

Step 5. 依公式（8-1），计算每一个查询词 q_i 与所给定的查询词 q_1 的相似度

Step 6. 按相似度分值的大小依次排列，取前 k 个查询词。

设查询集合 W 为 $\{q_1, \cdots, q_m\}$，点击 URL 集合 U 为 $\{URL_1, \cdots, URL_n\}$，查询-点击矩阵为 M_{mn}。m_{ij} 表示第 i 个查询 q_i 点击第 j 个 URL_j 的次数，记集合 U 的大小记为 $|U|$。

$$\text{Similar}(q_i, q_1) = \sum_{j=1,2,3,\ldots,|U|} \frac{|\min(m(q_{ij}), m(q_{1j}))|}{|m(q_1)|} \times p_j \quad (8-1)$$

其中，$m(q_1)$ 表示查询词为 q_1 的所有点击 URL 总数，即矩阵 **M** 第一行的各元素总和。p_j 表示查询词为 q_1 时点击第 j 个 URL 的概率，可以近似地用频度替代。

上述算法仅利用了用户的点击记录，没有考虑查询之间共有词语的情况，这主要是考虑到中文查询以连续的汉字串为主，一般比较短，通常只有几个汉字组成，且用户许多热点查询词并没有被包含在现有的切词词典中，切词后的效果反而不好。

该算法与文献［9］、［10］中所采用方法的不同之处在于：我们并没有直接对所有的查询词进行一次性的聚类，而是对给定的一个查询，找出所有可能的相关查询词，依照与该查询词的相似度进行排序，取前面的若干个结果。在计算查询间的相似度时，考虑了该查询在 URL 空间的概率分布。

我们实现上述算法时，选取了一周的用户点击日志，在前 1 000 个热点查询词中随机选取了 20 个，对每一个查询依相似度取前 10 个结果作为相近查询词，经过人工评估，发现其准确率平均在 82% 以上。表 8-4 为三个不同查询的前 10 个结果。该方法对查询频次较小或点击分布较为集中的查询，其结果差一些。这可以采用一些其他技巧加以改善，如先将查询词进行扩展（简单的如包含此查询词的所有查询），再利用该方法求相近查询词列表；或者对上述查询-点击矩阵进行奇异值分解（SVD），利用潜在语义标引（LSI）技术找出各个查询之间的语义关系，然后再计算查询词间的相似度。

表 8-4　三个查询的前 10 个最相关查询

序号	查询词	相近查询词（依相似度从大到小排列，取前 10 个结果）
1	北大	北大招生网，北大 bbs，北大法律信息网，北大未名 bbs，北京大学，未名 bbs，北大 法律，一塌糊涂，北邮真情流露 bbs，北大网
2	列车时刻表	火车时刻表，时刻表，列车，火车，北京列车时刻表，列车时刻表查询，铁路，火车 时刻表，北京西站，铁路时刻表
3	三个代表	三个代表在基层，学习三个代表，三个代表重要思想，教育中贯彻三个代表，学习“三个代表”心得体会，思想汇报，社会实践报告，三个代表　理论创新，马克思生产力理论，三个代表 新发展

8.6　小结

本章基于天网搜索引擎的用户点击日志，对点击 URL 的特征从三个方面进行了定量分析和研究，得到了一系列具有普适性的结论：用户点击不同 URL 的数量遵从 Heaps 定律；用户点击 URL 与对应的页面大小、序号相关，这可用于指导搜索引擎搜集系统和索引系统的优化。点击 URL 的频度频级服从类 Zipf 分布；点击 URL 的顺序具有自相似性特征和时间局部性，这可用于指导系统的缓存设计。基于用户点击 URL 的数据记录，确定一个查询的相近查询词列表，可用于用户的查询修正与查询扩展，便于用户快速定位自己的信息需求。

总体来看，本章的研究结果可以用于指导对搜索引擎索引系统和查询系统的设计，以提高检索服务的效率和质量，也对研究用户搜索行为有重要的意义。

参考文献

[1] Baldi P，Frasconi P，Smyth P. Modeling the Internet and the Web，Probabilistic Methods and Algorithms [M]. John Wiley，2003.

[2] 李晓明，阎宏飞，王继民．搜索引擎原理、技术与系统 [M]. 北京：科学出版社，2005.

[3] Wang J Y，Li X M，Shan S W. Web search engine：characteristics of user behaviors and their

implication [J]. Science in China (Series F), 2001, 44: 351-365.

[4] Xie Y L, O' Hallaron D. Locality in Search Engine Queries and Its Implications for Caching [M]. In Proc. IEEE Infocom 2002.

[5] Silverstein C, Henzinger M, Marais H, et al. Analysis of a very large altavista query log [R]. //SRC Technical Note 1998-016,1998.

[6] Spink, Wolfram D, Jansen B J, et al. Searching the web: the public and their queries[J]. Journal of the American Society for Information Science, 2001, 53(2): 226-234.

[7] 天网搜索引擎(Tianwang Search Engine). http://e. pku. edu. cn.

[8] Cho J. Crawling the Web: Discovery and Maintenance of a Large-Scale Web Data. [D], Stanford University, 2001.

[9] Beeferman D, Berger A. Agglomerative clustering of a search engine query log [C].// Proceedings of the Sixth ACM SIGKDD International Conference on Knowledge Discovery and Data Mining, 2000, 407-416.

[10] Wen J R, Nie J Y, Zhang H J. Query clustering using userlogs [C].//Proceedings of the 10th World Wide Web conference, New York: ACM Press, 2001, 162-168.

[11] 中国 Web 信息博物馆 (Chinese Web Infomall). http: //www. infomall. cn/.

第 9 章　中文 Web 查询演化的主要趋势

为发现中文 Web 用户查询行为的演化趋势，本章对 5 年的北大天网中文搜索引擎的用户日志进行了抽样分析。结果显示：用户输入的查询串中所包含词项数量有明显增多的趋势；用户会话的长度逐年下降；用户查看的结果页面越来越少；查看的时间间隔逐渐缩短；查询串中所包含的汉字个数基本稳定，其中包含 2～4 个汉字的查询串居多；在查询结果中发生点击行为的比率呈递减的趋势；查询次数与点击次数的相关性逐渐减弱；Web 用户查询的主题变化较快。

9.1　引言

用户使用搜索引擎的一般过程可描述为：用户在系统提供的查询框内输入一个查询串（query），经搜索引擎内部进行分析和处理后找到若干与之相关的网页记录，按某种策略进行排序后，以每若干条记录（如 10 个记录）组成一个 Web 页面反馈给用户。其中，每条记录都代表一个网页（或称一篇文档）入口，它包含了该文档的标题、在 Web 上的位置（即网址，Uniform Resource Locator，URL）、内容摘要等信息。用户判断该记录所代表的网页是否包含自己感兴趣的信息，并决定是否点击该 URL 进行详细浏览。如果用户认为系统返回的结果不理想，可能会修改原查询并进行新的查询（查询修正）[1,2]。

搜索引擎日志记录了用户与系统交互的整个过程，不同搜索引擎的日志记录格式不同，但一般都包括用户访问的时间、用户的 IP 地址、输入的查询串、用户所点击的 URL、点击的时间以及点击 URL 的序号等。这些信息通常作为日志形式存入磁盘文件系统中。

目前针对英文搜索引擎的研究较多，所发现的一些具有普适性的特征包括：用户输入的查询串平均包含 2.2～2.4 个英文单词，多数为两个英文单词；查询串所包含的英文单词的数量服从 Poisson 分布；重复查询词的数量遵从 Pareto 分布等[3]。搜索引擎用户的检索行为与传统的信息检索（IR）系统，如在线数据库（OLDB）、光盘检索（CD-ROM）、联机公共检索目录（OPAC）等，存在很大的差异[4]，如用户的并发访问量比较大，查询内容比较宽泛，用户的查询不需要任何领域的知识等。

由于地域与语言环境的不同，用户进行信息查询的模式也有区别，Spink 曾对美国与欧洲用户的查询行为进行比较研究，结果显示：用户在查询中所含词项的个数、会话的长度、查询主题等方面存在一定的差异[2,5]；对中文搜索引擎而言，这种差异在某些方面更为显著，如我们的先期研究显示：中文用户的查询串通常只含有一个词项[6]，而英文查询通常含有两个词项。

在近几年搜索引擎的快速发展与普及中，中文用户的 Web 查询具有什么样的演化规律，具体地说，用户在查询级、会话级、语言的使用、结果页面的查看等行为方式上是否有所变化及其如何变化，本章对这些问题进行研究和分析。

9.2　数据集

9.2.1　数据集

天网是一个面向国内用户、以中文信息查询为主的大规模分布式搜索引擎，到2006年年初已搜集到8亿多篇内容不重复的静态网页，近几年日均用户访问量为2万人左右。

与其他的大型搜索引擎系统类似，天网用户日志记录了用户与系统交互的相关信息。它将用户的查询与点击过程分开保存，即包括用户查询日志和点击日志。用户查询日志记录用户提交查询的相关数据，包含查询串、提交时间、用户的IP地址等信息。用户点击日志是在用户浏览查询结果并点击结果页面中的URL时被系统自动记录的，包含用户点击的时间、点击的URL、用户的IP地址、点击URL的序号（该页面在查询结果中的排序位置）、该点击对应的查询串等信息。它记录和反映了查询结果中用户感兴趣页面的相关信息。

通常而言，短期内整体用户对搜索引擎系统的访问规律、查询内容与点击URL等行为方式基本类似。各工作日之间、各公休日之间用户对系统的访问时间类似，但工作日与公休日之间的访问时间略有差异，用户的查询量、点击量和不同用户的访问量可用时间序列中的潜周期模型来描述[7]，用户的查询内容与点击

URL 的过程具有自相似性[8,9]。为此，我们抽样选取如下跨越 5 年的天网日志作为本章统计分析的基础，因 2001 年与 2002 年的用户点击日志没有保存，为此我们只能分析 2003～2005 年的用户点击日志。在实际实验中，我们曾先后抽取了多个数据集进行对比分析，结果类似，因此，我们不认为再多抽取几个数据集合会产生更精确的反映用户查询趋势的结果。我们所考察的数据集如下：2001～2004年 10 月 15 日，2005 年 4 月 8 日，共 5 个查询日志数据集。2003～2004 年 10 月 15 日，2005 年 4 月 8 日，共 3 个点击日志数据集。

9.2.2 数据清理

由于本地缓存、代理服务器和防火墙的存在，仅从用户日志中无法确定一个查询记录来自单个用户、多个用户（代理）还是程序的抓取（如元搜索引擎的爬取器）。由于我们需要研究的是真实用户的查询行为特征，因此通常采用由会话长度确定来自某一 IP 的记录是否为真实用户，如对一天内来自同一 IP 的查询次数超过某一阈值的记录全部删除（本章的阈值取为 200）。进行这样的数据清理就可以去除掉大部分异常数据。其他的数据预处理工作包括删除查询串为空的记录，以及查询串左右多余的空格，查询串中的大写英文字母全部转换为小写等。进行上述处理之后，统计得到这些样本集的基本数据特征，如表 9-1 所示。

表 9-1 基本数据

	查询记录数	不同查询串	不同用户数量	发生点击行为的不同用户数	点击次数（计重数）	点击不同 URL 的个数
2001 年 10 月 15 日	58 561	15 562	7 254			
2002 年 10 月 15 日	197 770	52 030	28 013			
2003 年 10 月 15 日	103 589	36 972	19 444	13 408	98 078	75 978
2004 年 10 月 15 日	67 493	26 099	16 347	8 685	45 296	36 101
2005 年 4 月 8 日	75 294	33 212	20 120	10 461	51 915	41 452

9.3 实验设计

本章使用搜索引擎日志分析中一些特定的术语[10-12]。一个词项（term）是指一个不间断的字符序列，即中间不含空格项；一个查询串（query）由一个或多个词项组成，即用户在搜索框内输入的查询内容；一个用户会话（session）是指单个用户在一段时间间隔内所提交的整个查询序列，单个用户会话所包含的查询次数称为用户会话的长度。

针对上述数据集，我们分别对如下问题进行统计分析。

(1) 查询级：逐年统计整体用户输入的查询串中含有的词项个数，考察其演化规律。

(2) 会话级：逐年统计每一个用户会话中所含有的查询串的个数，分析其演化特征。

(3) 语言的使用：逐年统计用户输入的查询串中所包含的中文、英文、中英文混合、纯数字的使用情况。

(4) 结果页面查看：对用户输入的查询请求，统计每一个用户查看的结果页面个数，考察用户查看结果页面的时间间隔大致是多少，近几年是否有所变化。

(5) 点击URL的情况：考察用户点击行为的一些特征指标的演化规律，特别是反映系统性能的点击次数与查询次数之比的变化情况。

(6) 查询与点击的关系：考察一个查询串的查询次数与点击次数具有怎样的相关关系。

(7) 查询主题的变化：以2001年用户的查询数据为基准，考察用户查询内容的变化情况，即在2001年用户关注的查询信息中，有多少信息在随后的几年中仍被关注。

9.4　实验结果与分析

9.4.1　查询级

对每一个查询日志数据集，我们分别对所有的查询串中所包含的词项个数进行统计，结果如表9-2所示。该表各列显示了较稳定的变化规律，其中，最后一列表示平均一个查询串所包含词项的个数，它由1.12增加到1.35，这表明查询串中所包含的词项个数有逐年增多的趋势。仅包含一个词项查询串的数量（第2列）从91%降为76%，下降趋势比较明显。相应地，包含2个及2个以上的查询串所占整体查询的百分比由8.7%上升到24%，进行χ^2统计量检验得：$\chi^2(4) = 10.86 > \chi_{0.05}{}^2(4) = 9.46$，这表明这5年间用户查询串中所包含的词项个数显著增多。文献［13］曾对欧洲 AlltheWeb 搜索引擎两年的用户日志进行抽样分析，得到了一个类似的结果。由此，我们认为：越来越多的用户用较多的词项来表达自己的信息需求。

表 9-2　查询中包含词项的数量

	包含 1 个词项（%）	包含 2 个词项（%）	包含 3 个词项（%）	包含 4+个词项（%）	平均
2001 年 10 月 15 日	91.31	6.01	1.69	0.99	1.115 13
2002 年 10 月 15 日	89.92	6.98	1.88	1.22	1.130 31
2003 年 10 月 15 日	86.21	9.45	2.71	1.63	1.186 15
2004 年 10 月 15 日	80.63	13.7	3.48	2.19	1.261 34
2005 年 4 月 8 日	76.03	16.79	4.549	2.63	1.347 21

9.4.2　会话级

不同用户（即便是同一用户）在不同时刻的信息需求不同，系统对各查询的返回结果不同，用户对返回结果的满意度也各不相同。这些差异通常可以由用户的查询次数、翻页次数、点击次数等指标得到反映。

对会话级的用户行为分析，本章选取的会话时间间隔为 1 天。对每一个查询日志数据集，我们分别对每一个用户会话的长度进行统计，结果如表 9-3 所示。该表各列显示了各类用户会话长度所占的百分比，其中最后一列为用户会话长度的平均值，该值显示这 5 年间用户会话的平均长度下降得比较明显，即用户做查询串修正（查询扩展）并进行新查询的越来越少。

表 9-3　每个会话有多少个查询（计算重数）

	包含 1 个查询（%）	包含 2 个查询（%）	包含 3 个查询（%）	包含 4+个查询（%）	平均
2001 年 10 月 15 日	30.43	19.19	12.3	38.08	3.435 72
2002 年 10 月 15 日	33.44	21.67	11.35	33.54	3.17
2003 年 10 月 15 日	37.77	20.24	11.67	30.32	2.97
2004 年 10 月 15 日	34.64	28.14	10.67	26.55	2.78
2005 年 4 月 8 日	35.5	31.35	8.17	24.98	2.66

9.4.3　结果页面查看

（1）查看结果页面的个数。对每一个查询日志数据集，我们分别对每一个用户的每一次查询所查看的结果页面个数进行统计，结果如表 9-4 所示。该表最后一列显示：用户平均查看结果页面的个数越来越少。表中每一行的第 3～5 列数值相加，得到查看 2 个及 2 个以上结果页面（即翻页）的百分比，该值由 2001 年的 35.7％持续下降为 2005 年的 15.6％，这是一个比较大的变化趋势。进行 χ^2 统计量检验得：$\chi^2(4)=11.2>\chi_{0.05}{}^2(4)=9.46$，表明这 5 年间用户翻页查看结果页面显著减少。由此，我们认为：或者搜索引擎的查询返回结果质量在不断改善使得用户较少翻页就能获得自己的所需信息，或者用户越来越没有耐心去查看系统返回的全部结果中是否包含自己的所需信息。这进一步说明搜索引擎系统应尽可能将最相关的结果放入第一个结果页面中。

表 9-4　查看结果页面的个数

	查看 1 个结果页面（％）	查看 2 个结果页面（％）	查看 3 个结果页面（％）	包含 4+个查询（％）	平均
2001 年 10 月 15 日	64.32	11.3	6.18	18.20	1.90
2002 年 10 月 15 日	71.21	9.37	5.06	14.36	1.70
2003 年 10 月 15 日	75.29	10.28	4.63	9.80	1.56
2004 年 10 月 15 日	82.61	7.31	3.49	6.59	1.38
2005 年 4 月 8 日	84.41	6.52	3.15	5.92	1.33

（2）查看结果页面的时间间隔。针对每一个会话中的每一个查询，我们统计用户查看结果页面的时间间隔，即用户翻页的时间间隔，结果如表 9-5 所示。该表最后一列显示：用户翻页的平均时间间隔由 2001 年的 3.2 分钟稳步下降为 2005 年的 1.56 分钟，仅是原来时间的一半。相应地，时间间隔小于 1 分钟的百分比由 2001 年的 67％持续上升为 2005 年的 83％，这一指标的变化表明：用户越来越没有耐心去细细查看系统返回的结果页面，多数用户只是简单地浏览一下。

表 9-5　查看结果页面（翻页）的时间间隔（t）

	t≤1 分钟（%）	1 分钟<t≤5 分钟（%）	5 分钟<t≤10 分钟（%）	10 分钟<t≤30 分钟（%）	t>30 分钟（%）	平均时间间隔（分钟）
2001 年 10 月 15 日	67. 64	14. 65	5. 63	6. 93	5. 118 7	3. 20
2002 年 10 月 15 日	70. 65	12. 74	5. 31	6. 28	5. 0	2. 90
2003 年 10 月 15 日	74. 14	11. 0	4. 65	5. 77	4. 42	2. 54
2004 年 10 月 15 日	80. 59	8. 98	3. 61	3. 81	2. 98	1. 79
2005 年 4 月 8 日	83. 29	7. 64	2. 94	3. 39	2. 72	1. 56

9. 4. 4　语言的使用

（1）查询串中含有中文字符的情况（重复的按重数计）。为考察中文天网用户查询语言的使用情况，我们将用户输入的查询串分成 5 类，即纯中文、纯英文、中英文混合、纯数字、其他。对数据集的每一查询串进行统计，结果如表 9-6所示。该表最后一列显示：5 年来用户输入的查询串中包含中文字符的比例比较稳定，约占总查询总量的 4/5。中英文混合查询串所占比例略有增加，相应地，纯英文查询串的比例呈现逐年下降的趋势。纯中文字符、纯数字查询串所占比例的变化不太明显。其他类查询串所占比例有逐年增长的趋势，这显示用户输入的查询请求朝多样性的方向发展。

表 9-6　用户查询使用的语言

	纯中文查询串（%）	纯英文查询串（%）	中英文混合查询串（%）	纯数字查询串（%）	其他	包含中文字符的查询串（%）
2001 年 10 月 15 日	69. 83	15. 67	6. 21	0. 79	7. 50	78. 68
2002 年 10 月 15 日	70. 67	14. 60	6. 62	1. 03	7. 08	79. 63
2003 年 10 月 15 日	71. 1	13. 5	7. 03	1. 24	7. 13	80. 3
2004 年 10 月 15 日	65. 56	12. 7	11. 15	1. 41	9. 18	79. 2
2005 年 4 月 8 日	64. 30	10. 73	11. 79	0. 74	12. 44	81. 02

（2）查询串中含有的汉字个数。对用户输入的查询串中所包含的汉字个数进行逐年统计，结果如表 9-7 所示，该表各列表示各年查询串中所包含汉字个数

的百分比。从表 9-7 的每一行来看，查询串中所包含的汉字个数并不均等。以 5 年的平均值作为包含汉字个数的期望百分比，进行 χ^2 统计量检验得：$\chi^2(5) = 23.68 > \chi_{0.05}{}^2(5) = 11.07$，这表明查询串中所包含的汉字个数存在显著差异。将表 9-7 中每一行的第 3～5 列相加就得到查询串中含有 2～4 个汉字的查询占总查询数量的百分比，该值在 40%～50%之间，整体来看，这是一个比较高的比例。

表 9-7　查询串中所包含的汉字个数

	包含 1 个中文字（%）	包含 2 个中文字（%）	包含 3 个中文字（%）	包含 4 个中文字（%）	包含 5 个中文字（%）	包含 6 个中文字（%）
2001 年 10 月 15 日	1.03	20.50	9.94	21.84	7.73	6.80
2002 年 10 月 15 日	0.82	19.58	10.18	21.86	8.19	7.25
2003 年 10 月 15 日	1.08	20.26	10.31	21.62	8.03	8.22
2004 年 10 月 15 日	0.89	16.28	10.05	19.71	9.60	8.57
2005 年 4 月 8 日	0.85	12.37	10.17	20.10	8.34	10.73

9.4.5　用户点击行为特征

在用户输入一个查询请求后，若在系统返回的结果页面中找到了自己感兴趣的信息，用户通常会点击该记录所对应的 URL 而详细浏览。我们曾对两个月的天网用户点击日志进行研究[9]，发现了一些具有普适性的特征：用户点击不同 URL 的数量遵从 Heaps 定律，点击 URL 的频度频级服从类 Zipf 分布，点击 URL 与页面大小相关，点击 URL 具有时间局部性，其点击过程具有自相似性特征等。

对本章 9.2 节的 3 个点击日志数据集，分别统计用户点击行为的一些主要的特征指标，结果如表 9-8 所示。该表第 3 列给出了用户点击次数占查询次数之比，这一指标常用来考察系统性能的改变情况。该比值在 2003 年比较高，2004 年、2005 两年相对稳定，约为 2/3，即平均来说，天网用户进行的 3 次查询中有两次都找到了自己所需要的信息。从用户会话的角度去看，表 9-8 第 5 列给出了点击用户占查询用户数之比，该比值显示近一半的查询用户并未点击结果页面中的 URL，这些用户极可能是：简单浏览了一下反馈结果，没找到自己所需要的信息，关闭与系统的会话或转用其他搜索引擎。上述两个比值都显示：这 5 年间用户对天网查询结果的满意度在降低，天网查询系统性能亟待改进。

表 9-8 第 6 列显示了每个 URL 的平均被点击次数，该值相对比较稳定，近

似为 1.3，即一旦一个 URL 被某一用户点击，则其每天被平均点击 1.3 次。我们的另一项统计显示：某两个月中，用户点击不同 URL 的个数仅占整体索引 URL 数量的 1/6，这意味着，尽管大型搜索引擎索引了较为庞大的网页数量，但绝大多数的索引网页是无用的。

表 9-8 用户点击行为特征

	查询次数	点击次数（点击/查询%）	查询用户数	点击用户数（点击/查询%）	点击不同 URL（平均被点击次数）
2003 年 10 月 15 日	103 589	98 078（94.68%）	19 444	13 408（68.95%）	75 978（1.291）
2004 年 10 月 15 日	67 493	45 296（67.11%）	16 347	8 685（53.12%）	36 101（1.255）
2005 年 4 月 8 日	75 294	51 915（68.95%）	20 120	10 461（51.99%）	41 452（1.252）

9.4.6 查询与点击次数的关系

相关关系常用于反映两个变量之间一种非确定性的数量上的依存关系，相关系数是度量这种依存关系的一种主要指标。

对 2003～2005 年的查询与点击日志数据集合，统计每一个查询串所对应的查询次数和点击次数，然后计算这两个数据序列的相关系数，即：考察是否一个查询串的查询次数越高，其点击次数也越多。计算结果显示：2003 年查询与点击次数呈现强相关关系，相关系数为 0.83；2003 年的相关系数降为 0.61，而在 2005 年变为弱相关关系，其相关系数仅为 0.42。这表明这 5 年间用户的查询与点击次数的相关性具有较为明显的减弱趋势。

9.4.7 查询主题的迁移情况

单个用户的信息需求处于不断的变化之中。用户群在搜索引擎上的查询主题也在不断地迁移。为分析这种迁移情况，Spink 曾抽样选取了 Excite 搜索引擎在 1997 年、1999 年和 2001 年各 2000 多个用户输入的查询串[14]，进行手工分类（定义了 11 类）后发现：人们的信息需求正在“from e-sex to e-commerence”，也就是说在 Excite 的 Web 用户查询中，商业信息需求逐渐增加，娱乐类查询相对减少。

如下我们考察天网用户的 Web 查询主题的迁移情况。假设多数情况下，用户输入的查询串能表达自己的信息需求，我们以 2001 年的查询日志数据集为基准，考察整体用户输入的查询串中，有多少查询串在随后的几年中仍在使用。

统计结果显示：在 2001 年 10 月 15 日用户共输入 15 561 个不同的查询串，在随后的 2002～2004 年的 10 月 15 日及 2005 年 4 月 8 日，这些查询串仍被用于查询的依次为 3 763 个、2 869 个、1 854 个、1 618 个，对应的百分比依次为 24.18%、18.44%、11.91%、10.4%。简单来说，天网搜索引擎用户现在输入的查询串中，1 年后只有 1/4 的查询串仍被使用，2 年后只有 1/5 的查询串仍被使用，3 年后则只有 1/10 的查询串仍被使用。这从一个方面反映了搜索引擎用户的查询主题迁移较快。

9.5　小结

发现 Web 用户查询的演化规律，无论是对 Web 用户行为的研究还是对搜索引擎系统性能的改进都具有十分重要的意义。通过对 5 年的天网用户日志进行纵向的抽样分析与对比，本章揭示了中文用户进行 Web 查询的一些主要变化规律。

需要指出的是，尽管我们的分析结果是基于天网数据得到的，但多数结论是具有普适性的。这是因为目前流行的 Web 搜索引擎的用户界面相差不大，用户在进行信息查询时，一般不会因搜索引擎的不同而选择不同的查询串。为此，我们认为本章的一些主要结论，诸如：这 5 年间用户的查询串中包含词项的数量明显增多，所包含中文字符的比例相对稳定，整体用户群的查询主题迁移较快等，无论对百度、中文雅虎或 Google（中文用户）等都是适用的。另一方面，需要指出，本章也有个别结论是依赖于具体系统的，如点击与查询次数之比，这一比值的演化趋势对不同的系统或同一系统的不同时间段，其计算结果可能是不同的。

如何进行深度的分析和预测或者通过建模的方法发现中文 Web 查询的趋势是一个非常值得关注和研究的问题。我们下一步的研究工作重点是将复杂网络的一些研究方法[15]引入搜索引擎的日志挖掘研究中，有望获得一些新的研究成果。

参考文献

[1] 李晓明，闫宏飞，王继民．搜索引擎原理、技术与系统［M］．北京：科学出版社．2005.

[2] Jansen B J, Spink A. How are we searching the World Wide Web? A comparison of nine search engine transaction logs [J]. Information Processing and Management, 2006, 42: 248-263.

[3] Baldi P, Frasconi P, Smyth P. Modeling the Internet and the Web, Probabilistic Methods and

Algorithms [M]. England: John Wiley. 2003.

[4] Jansen B J, Spink A, Saracevic T. Real life, real users, and real needs: a study and analysis of user queries on the web [J]. Information Processing and Management. 2000, 36 (2): 207-227.

[5] Spink A, Ozmutlu S, Ozmutluet H C, et al. US versus European Web searching trends [J]. SIGIR Forum. 2002, 32 (1): 30-37.

[6] 王继民, 陈翀, 彭波. 规模中文搜索引擎的用户日志分析 [J]. 华南理工大学学报, 2004, 32 (S): 1-5.

[7] 王继民, 彭波. 搜索引擎用户访问量模型 [J]. 计算机工程与应用, 2004, 40 (25): 9-11, 30.

[8] 王建勇, 李晓明, 单松巍等. 海量 Web 搜索引擎系统中用户行为的分布特征及其启示 [J]. 中国科学 (E), 2001, 31 (4): 372-384.

[9] 王继民, 彭波. 搜索引擎用户点击行为分析 [J]. 情报学报, 2006, 25 (2): 154-162.

[10] Jansen B J, Spink A, Pedersen J. A temporal comparison of alta Vista Web searching [J]. Journal of the American Society for Information Science and Technology, 2005, 56 (6): 559-570.

[11] OzmutluS, Spink A, Ozmutluet H C. A day in the life of Web searching: an exploratory study [J]. Information Processing and Management, 2004, 40 (2): 319-345.

[12] Jansen B J, Pooch U. Web user studies: a review and framework for future work [J]. Journal of the American Society of Information Science and Technology, 2001, 52 (3): 235-246.

[13] Jansen B J, Spink A. An analysis of Web searching by European AlltheWeb. com users [J]. Information Processing and Management, 2005, 41 (2): 361-381.

[14] Spink A, Jansen B J, Wolfram D, et al. From e-sex to e-commerce: Web search changes [J]. IEEE Computer, 2002, 35 (3): 133-135.

[15] Albert R, Barabasi A L. Statistical mechanics of complex networks [J]. Reviews of Modern Physics, 2002, 74 (1): 47-97.

第10章　高校用户学术期刊数据库检索行为研究

基于国内某大型期刊数据库的用户查询日志，本章重点分析了高校用户使用学术期刊数据库的基本行为特征，包括用户访问时间分布、使用特殊检索的比例、检索词的长度分布等。然后进一步分析了不同类型高校用户的检索策略，结果显示：不同类型（理工类、师范类、农林类、医学类）高校用户的检索策略存在相应差异，但不同办学层次（985高校、211高校等）高校用户的检索策略相差不大。最后，通过IP地址判断，提取了高校用户的性别、专业、学历等人口统计学变量，分析了这些变量对用户检索行为的影响，提出高校用户检索策略的影响因素模型。

10.1　引言

基于日志挖掘的用户行为研究一直是网络日志挖掘研究领域的重要问题。1995年，Catledge等[1]第一次使用NCSA's XMosaic的日志分析用户的查询策略选择行为，此后，众多研究人员都对基于日志的用户信息行为研究给予了较多关注，较为常见的包括对搜索引擎用户行为[2-3]、图书馆用户行为[4-5]、远程教育用户行为[6]等的研究。一般而言，基于日志的用户行为研究的一个明显缺陷是，不能将检索与特定的用户联系起来，无法反映用户特性与检索行为之间的关系[7]。为此，有研究者提出深度日志分析（Deep Log Analysis，DLA）的概念[8-9]，即将原始日志文件进行清理，如拒绝混淆用户的代理服务器，综合Cookie与IP信息与日志信息以判断同一用户；找出不寻常提问式，去除功能符号，从语法上加上停用词来分析提问式；用中断时间法来判断一个检索过程，等等[10]。

回顾国内外现有研究可以发现：首先，在研究对象上，对基于日志挖掘的用户学术信息行为研究较少。其次，在研究方法上，尚未见到能够通过日志分析对用户的人口统计学变量进行判断，从而更深入地研究用户信息行为的文献。为此，本章拟基于某大型学术期刊数据库查询日志，分析学术期刊数据库用户的信息检索行为，包括查询频率的时间分布、检索词长度、检索策略的选择等方面的问题。在用户识别方面，本章试图通过对高校用户 IP 地址所对应实际地址的判断，识别高校用户的某些基本人口统计学变量，如性别、学历、专业、就读高校等信息，并对这些变量对用户检索行为的影响进行分析，并提出一个解释性的模型。

10.2 数据来源和基本统计

本章研究所使用的日志主要来自国内某大型学术期刊数据库的 2007 年某一个月的查询数据，共包含 380 多万条数据。其中主要包含四个基本字段：用户 IP 地址、检索具体时间、检索式和用户名（很多为集体用户，如“北京大学”表示北京大学的集体用户名）。

10.2.1 访问时间的分布情况

图 10-1 显示了搜索引擎日志（以天网搜索引擎为例[11]）和学术期刊数据库日志中用户访问量的全天分布情况。可以看出，学术期刊和搜索引擎用户一天中的访问峰值时间段大致相仿，不同的是：首先，学术期刊用户的波峰与波谷之间的差距非常明显，说明学术期刊检索是一种与工作时间密切相关的检索行为，而搜索引擎相对来说不是那么明显，这可能是由于搜索引擎的用户检索需求有多种类型，在工作时间可能与工作需要关系比较多，但在休息时间，用户同样需要进行一些娱乐性或休闲性的检索活动。其次，天网搜索引擎一天中的最高访问量发生在第三个波峰，即晚上 8～10 点，而学术期刊数据库的最高访问量则发生在第一个波峰，即早上 9～10 点，这同样说明用户使用两类网络系统的目的和习惯具有明显差异。

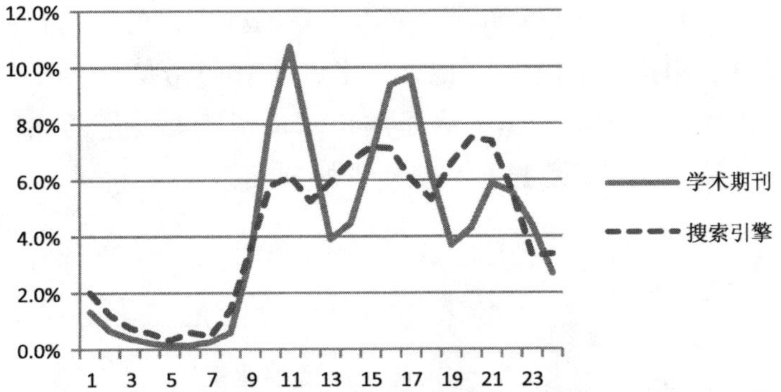

图 10-1　学术期刊数据库与搜索引擎用户全天访问频次的分布对比情况

10.2.2　使用特殊检索的比例

表 10-1 显示了学术期刊数据库用户使用逻辑检索（在检索式中使用“or”或“and”等逻辑运算符）、精确匹配（在检索式中使用“exact”的检索字段）、关键词检索（在检索式中使用“关键词=”的检索字段，以下相同）、期刊检索、作者检索、分类号检索等的比例情况。

表 10-1　学术期刊数据库用户使用特殊检索的频次分布

特殊检索	记录数	比例
逻辑检索	1 035 377	27.1%
关键词检索	108 781	2.8%
期刊检索	12 624	0.3%
作者检索	62 088	1.6%
分类号检索	49 643	1.3%
精确匹配	29 313	0.8%

从表 10-1 可以看出，与一般搜索引擎中较少使用逻辑运算等特殊检索策略[11]不同，在学术期刊数据库中，使用逻辑运算等特殊检索策略的用户比例较高，达到 30%以上。

10.2.3　用户检索词的长度分布

图 10-2 显示了用户使用检索词的长度分布，为了比较客观地反映这一分布，剔除了上文中所谈到的各种特殊检索式的情况，仅保留除特殊检索以外的一般性检索式的长度分布情况。

从图 10-2 可以看出，学术期刊数据库用户的检索词的平均长度远远高于一般性的搜索引擎的用户检索词[11]。此外，字数在 10 个字以上的长检索词的比重依然很大。一般来说，这类检索大多是用户知道了所要检索的文章的标题等信息，从而采用了输入文章标题进行直接检索的方式。

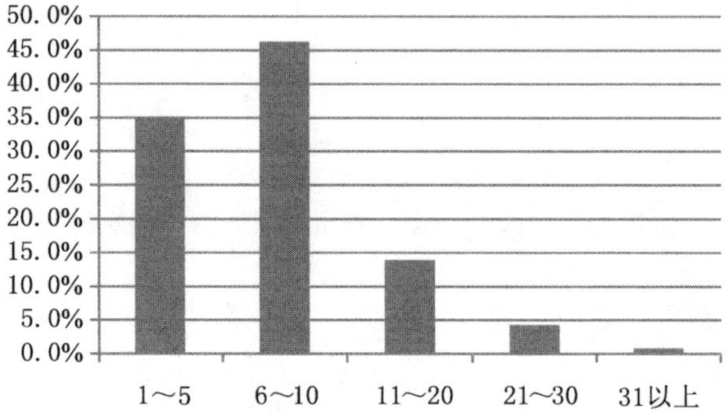

图 10-2　学术期刊数据库用户使用检索词的长度分布

10.3　高校用户的检索策略总体分析

10.3.1　不同类型高校用户使用特殊检索功能的情况对比

为进一步分析不同类型高校用户使用学术期刊数据库的习惯的差异，本章将访问数据库量较多的几十所高校划分为医学类、师范类、农林类、理工类（文史类和财经类等高校数量较少，样本缺乏效度，因此不进行分析）。此外，由于精确检索在很多时候是数据库自动生成的（如在检索期刊时，数据库会自动设定为精确匹配），因此不能完全反映用户在检索时的行为选择情况。本章主要对其他五种特殊检索，即逻辑检索、关键词检索、期刊检索、作者检索和分类号检索的比例进行了比较。结果如表 10-2 所示。

通过观察我们发现，不同类型的高校使用特殊检索的比重不同，如医学类院校使用特殊检索的比例远远高于其他院校，而师范类高校的用户使用特殊检索的比例明显低于其他三类高校。如表 10-2 所示。

一般认为，使用特殊检索的比例与用户的信息素养有关，信息素养越高，则用户使用特殊检索的比重越高。上述四类高校之间使用特殊检索策略的比重差异，用用户的信息素养来解释，则可以认为是与高校用户的学科背景有关，具体我们将在下一节中做进一步论述。

表 10-2　四类高校用户使用特殊检索的比重

高校类型	特殊检索比重	学校列表
医学类	54.2%	贵阳医学院、上海第二军医大学、首都医科大学、遵义医学院、泸州医学院
师范类	27.9%	安徽师范大学、北京师范大学、阜阳师范学院、赣南师范学院、辽宁师范大学、山东师范大学、陕西师范大学、浙江师范大学
农林类	37.0%	湖南农业大学、江西农业大学、南京农业大学、青岛农业大学、沈阳农业大学、新疆农业大学　中国农业大学、西北农林科技大学
理工类	34.1%	北京科技大学、华东理工大学、北京交通大学、西南大学、武汉理工大学、北京化工大学、北京工业大学、西安电子科技大学、成都电子科技大学、上海交通大学、浙江大学、清华大学、中国科技大学、华中科技大学、北京航空航天大学、东南大学、西安交通大学、同济大学、北京理工大学、重庆大学、南昌工程学院、安徽理工大学、西安建筑科技大学、浙江工业大学、北京信息科技大学、河北理工大学、燕山大学、内蒙古工业大学、昆明理工大学、陕西科技大学

10.3.2　不同办学层次高校用户使用特殊检索功能的情况对比

为了进一步验证在同一类型高校内部用户使用特殊检索的差异，本章选择了同属理工类高校的 30 所大学（即以理工类专业为主的高校，不包含综合类、师范类、农林类、医学类或财经类等其他大学）进行分析，结果如表 10-3 所示：

表 10-3　30 所理工类高校使用特殊检索的比例

学校	分类号检索	作者检索	期刊检索	关键词检索	逻辑检索	特殊检索	学校类型
北京科技大学	0.9%	1.8%	0.4%	2.4%	35.6%	41.2%	211 高校
华东理工大学	1.5%	1.8%	0.2%	4.2%	33.1%	40.8%	211 高校
北京交通大学	0.0%	2.6%	1.2%	3.5%	30.3%	37.6%	211 高校

续表

学校	分类号检索	作者检索	期刊检索	关键词检索	逻辑检索	特殊检索	学校类型
西南大学	0.5%	0.8%	0.3%	1.6%	32.9%	36.1%	211 高校
武汉理工大学	1.3%	2.0%	0.1%	2.6%	26.5%	32.5%	211 高校
北京化工大学	0.0%	0.7%	0.2%	1.2%	30.2%	32.3%	211 高校
北京工业大学	0.2%	2.2%	0.3%	1.1%	24.7%	28.5%	211 高校
西安电子科技大学	0.2%	0.6%	0.4%	1.3%	24.7%	27.1%	211 高校
成都电子科技大学	2.4%	0.5%	0.1%	0.5%	21.3%	24.7%	211 高校
上海交通大学	0.3%	1.9%	0.5%	2.5%	35.1%	40.4%	985 高校
浙江大学	1.0%	3.5%	0.2%	3.1%	32.4%	40.2%	985 高校
清华大学	0.3%	4.6%	1.5%	2.0%	28.6%	37.0%	985 高校
中国科技大学	0.8%	2.4%	0.2%	3.3%	29.4%	36.2%	985 高校
华中科技大学	1.7%	2.4%	0.1%	3.2%	25.6%	32.9%	985 高校
北京航空航天大学	0.1%	1.5%	0.3%	1.3%	29.8%	32.9%	985 高校
东南大学	0.3%	1.2%	0.1%	2.1%	28.5%	32.3%	985 高校
西安交通大学	0.3%	1.1%	0.1%	2.2%	28.3%	32.0%	985 高校
同济大学	0.4%	1.5%	0.2%	1.3%	28.0%	31.3%	985 高校
北京理工大学	0.7%	0.7%	0.0%	2.1%	27.1%	30.6%	985 高校
重庆大学	0.4%	1.3%	0.4%	2.5%	25.5%	30.1%	985 高校
南昌工程学院	1.2%	7.8%	1.7%	7.4%	40.7%	58.9%	其他高校
安徽理工大学	1.1%	4.1%	3.6%	4.1%	28.2%	41.1%	其他高校
西安建筑科技大学	0.3%	2.5%	0.4%	4.2%	33.3%	40.7%	其他高校
浙江工业大学	2.2%	1.3%	0.3%	3.6%	28.6%	36.0%	其他高校
北京信息科技大学	0.1%	1.1%	0.0%	5.8%	28.0%	35.2%	其他高校
河北理工大学	0.2%	1.9%	0.2%	2.5%	28.6%	33.4%	其他高校
燕山大学	0.2%	1.6%	1.1%	1.0%	27.2%	31.1%	其他高校
内蒙古工业大学	0.7%	1.7%	1.0%	3.1%	23.0%	29.5%	其他高校
昆明理工大学	0.0%	0.7%	0.2%	0.6%	19.6%	21.1%	其他高校
陕西科技大学	0.4%	0.4%	0.1%	0.8%	18.8%	20.5%	其他高校

通过表 10-3 可以看出，虽然高校类型与用户使用特殊检索的比重有比较显著的相关关系，但高校的办学层次（本章使用 985 高校、211 高校和其他高校来区分高校的办学层次）与高校用户使用特殊检索的比重之间并无相关关系。三类

高校用户中，10 所一般高校使用特殊检索比重最高，为 34.7%；11 所 985 高校用户使用特殊检索比重次高，为 34.2%；9 所 211 高校使用特殊检索比重最低，为 33.40%。

一般来说，出现上述情况的原因，可以解释为用户的信息素养与用户使用特殊检索功能之间不存在显著相关关系，也可以解释为在学术期刊数据库检索的任务下，不同高校用户表现出的信息素养差异不大。结合后文的分析，我们比较倾向于后一种解释，而表 10-2 所显示的不同类型高校用户使用特殊检索功能之间的显著差异，则提示我们，用户的学科背景与用户检索行为之间则存在较为密切的关系。

10.4　高校用户的检索行为的深度分析

10.4.1　基于用户 IP 识别的高校用户身份判断方法

以上分析都是基于高校整体的层面，由于高校学科设置情况千差万别，因此这种分析只能在一定程度上反映不同专业背景用户的检索习惯的差异性。为了更加细致地刻画这一问题，我们采取了其他分析手段，试图更加精确地定位用户的学历、性别、专业等基本信息。

我们注意到，由于教育网采用固定 IP 网段分配的方法，因此可以通过日志分析出特定时间段用户所在的高校甚至是高校的某一栋建筑（宿舍楼、实验室、办公室等）。这样，可以收集到用户的很多信息，比如教育程度（本硕博或教师）、专业、性别（宿舍）、上网环境（教室、图书馆、实验室、宿舍、机房等）。这样，基于对教育网用户 IP 地址的分析，我们可以很好地识别用户，并在一定程度上能够获取到用户的较多自变量，并进一步分析这些自变量与用户信息行为之间的关系。

由于本批日志数据为 2007 年 8 月的数据，因此本章的 IP 来源地查询选择使用了珊瑚虫版 IP 数据库 [2007.5.20 更新]，其中包含 302982 条 IP 地址数据，涵盖了国内所有 IP 网段，对教育网内用户的 IP 地址尤为详细，很多学校甚至可以精确到宿舍楼号，如“北京大学 45 甲楼三层至四层”，这样就为我们对数据库用户分类提供了一种比较可靠的途径。

本章使用 java 程序实现了对数据库用户日志中 IP 地址的自动识别程序，并对以下 10 所高校的用户 IP 地址进行了自动识别，最终各高校的 IP 识别结果如

表 10-4所示（剔除在数据库中没有检索出 IP 地址的数据）。

表 10-4　10 所高校的检索记录

高校列表	识别出的检索记录
北京理工大学	87 053
武汉大学	83 400
北京大学	74 363
中国科技大学	67 707
清华大学	60 855
上海交通大学	49 479
中国农业大学	22 374
西安交通大学	13 608
四川大学	12 958
北京化工大学	7 554

10.4.2　不同专业高校用户的检索行为

图 10-3 显示了理工科用户（包括物理、化学、计算机、工程、机械、数学等专业）和人文社科用户（包括文史哲、经济、管理、国际关系等专业）的全天检索频次的分布情况。可以看出，两类用户的检索频次的分布大致相同，尤其在夜晚时段之前的部分，两类用户的检索分布几乎一摸一样；但在晚上时段两类用户的检索习惯则出现比较显著的差异，社科类用户在晚上 8 点左右达到峰值，而理工类用户则到晚上 10 点才达到峰值。这在一定程度上反映了两类用户研究习惯的差异。

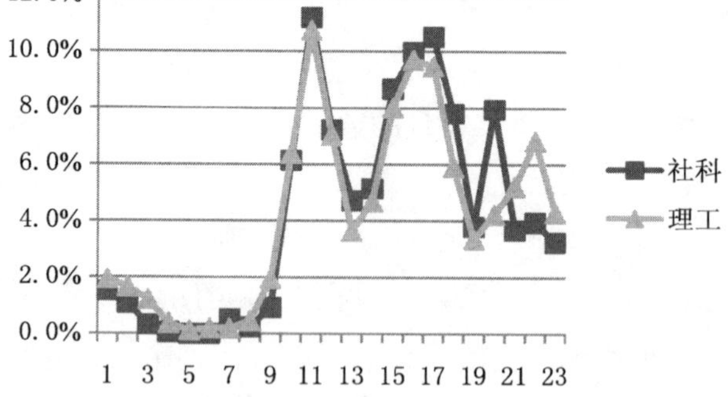

图 10-3　理工和人文社科类用户的检索习惯差异

10.4.3　不同检索场所高校用户的检索行为

图 10-4 显示了在图书馆和在宿舍进行检索活动的全天各时段频次的分布情况。从图中可以看出，图书馆在上午 10～11 点左右出现检索高峰，此后检索量持续下降，到晚上检索比重已经比较低了。而宿舍用户则在下午 5 点左右出现检索高峰，晚上的检索比重依然较高。这一现象对于高校图书馆考虑学术期刊数据库服务器的资源配置有一定参考意义，即除了分别针对早中晚三个检索高峰期配置服务器资源之外，还可以考虑在不同时段在图书馆和宿舍两个网段分别开放额外的服务器资源，从而保障用户使用的效率。

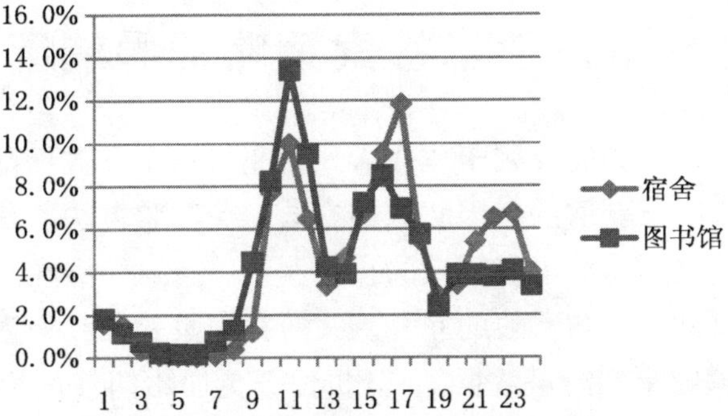

图 10-4　不同检索场所用户的检索时段差异

10.4.4　不同地域高校用户的检索行为

由于时差、生活习惯等的差异，我国东西部用户在使用学术期刊数据库的习惯差异性也非常明显。图 10-5 显示了我国东部（以北大和上交为例）和西部（以西交和川大为例）高校用户的检索习惯差异。可以看出，在早高峰时段，两类用户同时达到检索的峰值；但东部用户在下午 3～4 点左右达到第二个检索高峰，而西部用户则要到下午 5 点左右才达到第二个检索高峰，也是全天的最高峰。在晚间时段，西部用户的检索数量相对较少，而东部用户依然保持较高的检索频次。这也提示我们，学术期刊数据库在布设全国范围内的服务器资源时，可以针对不同地域分别架设服务器、分别设计服务器维护策略，从而满足不同地域用户的检索需求。

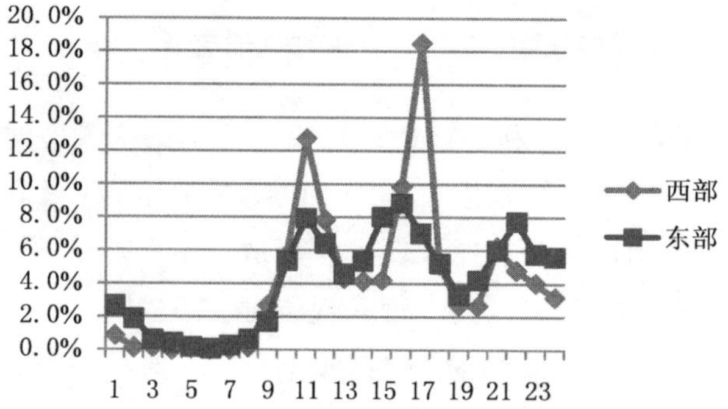

图 10-5　东部和西部高校用户的检索习惯差异

10.5　高校用户学术检索策略的影响因素模型

基于日志的信息行为研究属于非介入式研究，由于其数据都是在用户没有感受到实验环境的情况下获取的，因此能够有效避免实验方法所获取数据可能因为用户明显感受到实验压力而可能导致的行为偏差——这一点在众多心理学实验中表现得较为明显。此外，与一般的非介入式研究工具相比，搜索引擎日志挖掘的数量量更大（能够收集到海量数据）、分析任务更加明朗（内容分析十分耗时），所得结论可信度也更高。但是，一般而言，搜索引擎日志大多无法非常方便地识别特定用户，更加无法将用户的人口统计特征引入进来做进一步分析，因此基于日志的信息行为研究在反映用户的行为规律方面很难深入，而更多应用在搜索引擎本身的检索效果改善等领域。

然而，本章所提出的通过判断用户 IP 地址的实际位置来判断高校用户的人口统计学变量的思路，则从一定程度上解决了这一问题。从上述分析可以看出，包括学科背景等因素在内的用户人口统计学信息对于用户的学术检索策略具有较为显著的影响。为了更加清晰地描述这种影响关系，本章首先区分了三类检索基本维度，并结合用户的学科背景、教育程度和性别等因素进行了对比分析，并提出一个高校用户学术检索策略的影响因素模型的初步假设。

10.5.1　高校用户学术检索的三个基本维度

本章所归纳的学术检索的三个基本维度。

(1) 任务导向性

任务导向性指用户在进行学术检索时的检索任务是否明确。一般来说，检索任务比较明确时，即用户掌握了目标文献的外部信息，如作者、题名等，会直接检索文章的标题或作者来获取所需要的信息；当检索任务不太明确时，用户则无法采用这种模式进行检索。因此这类检索策略能够在一定程度上反映用户的检索任务导向性的强弱。

（2）研究探索性

研究探索性与用户的学术素养密切相关，用户学术素养高，则对检索学科领域的熟悉程度，以及用户研究任务的学术深度均较高，由于用户对所要检索的领域的概念掌握较好，并且需要对学科领域进行较深层次的回顾和分析，因此会通过大量浏览文献的方式对领域内的研究现状和发展态势进行探索和分析。

（3）技巧依赖性

技巧依赖性与用户的信息素养密切相关，指用户对使用计算机进行在线检索的技巧的熟悉掌握程度已经使用检索技巧的意识，因此可以划分为信息（检索）能力和信息（检索）意识两个基本维度。在检索策略上，则主要表现为用户使用逻辑运算、精确匹配运算等高级检索策略的倾向性。

据此，本章设定的三类检索维度，以及每个维度所对应的检索策略如表10–5所示。

表 10–5　高校用户学术检索的三个维度

检索维度	具体检索策略
任务导向性	长字符串检索
	作者检索
研究探索性	短字符串检索
	分类号检索
	期刊检索
	关键词检索
技巧依赖性	逻辑检索

10.5.2　人口统计学变量对高校用户检索策略的影响分析

通过分析用户的 IP 地址所对应的具体地址，可以识别出用户性别信息（如用户地址中包含“四川大学华西校区 女 2 舍”）、用户学科背景信息（如用户地址中包含“北京大学 信息管理系”）、用户教育程度信息（如用户地址中包含

“中国农业大学 西区研究生博士 03”）等。分别计算上述几类用户使用不同维度的检索策略的比例，并使用其表示三个维度的倾向性。结果如表 10-6 所示：

表 10-6　不同类别用户使用三类检索策略的比例分布

用户信息		任务导向性	研究探索性	技巧依赖性
性别	男	0. 12	0. 50	0. 33
	女	0. 18	0. 51	0. 26
学历	研究生	0. 14	0. 54	0. 28
	本科生	0. 18	0. 51	0. 28
专业	人文社科	0. 18	0. 53	0. 26
	理工农医	0. 15	0. 54	0. 29

从表 10-6 可以得出以下基本结论。

用户性别对于高校用户学术检索的技巧依赖性影响显著，对研究探索性的影响较小。女性用户使用检索技巧的比重低于男性用户，这可能与用户的信息素养（使用计算机的熟练程度）有关。

用户专业对于高校用户学术检索的技巧依赖性影响显著，对研究探索性的影响较小。人文社科类用户使用检索技巧的比重低于理工农医类用户，这也可能与不同专业背景的用户对检索技巧的重视程度（信息意识）有关。

用户学历对于高校用户学术检索的研究探索性影响显著，对技巧依赖性的影响较小。这说明用户研究的探索性与用户的教育程度（学术素养）具有密切关系，正如我们在前文所分析的，用户的学术素养越高，进行探索性研究的比重越高，因此在检索策略上就会表现为对这一维度的检索策略的高度依赖。

用户性别、学历、专业对于高校用户学术检索的任务导向性影响均比较显著。对于这一点的解释，目前没有明确的说法。我们认为，性别、学历、专业对高校用户检索的任务导向性影响，是通过对用户的研究探索性和技巧依赖性两个中间变量发挥作用的。

首先，用户的技巧依赖性越高，则说明用户的信息素养高，而信息素养高的用户，其对信息的综合分析和价值判断能力也会较高，因此其在进行检索时，不会倾向使用检索任务非常明确的“定点”式检索，而更愿意采用快速浏览信息的方式找到对自己更加有用的信息。

其次，用户的研究探索性越高，说明用户的学术素养越高，而学术素养高的用户，由于其对领域的熟悉程度，因此在进行检索时会更有自信，对学科领域内有用的信息源（如重要的作者、机构等）比较了解。同时，由于其研究的深度和广度要求都较高，因此他们能够而且必须通过浏览大量信息的方式找到最有帮助的学术信息。

基于上述分析，我们提出高校用户学术检索策略的影响模型，如图 10-6 所示。

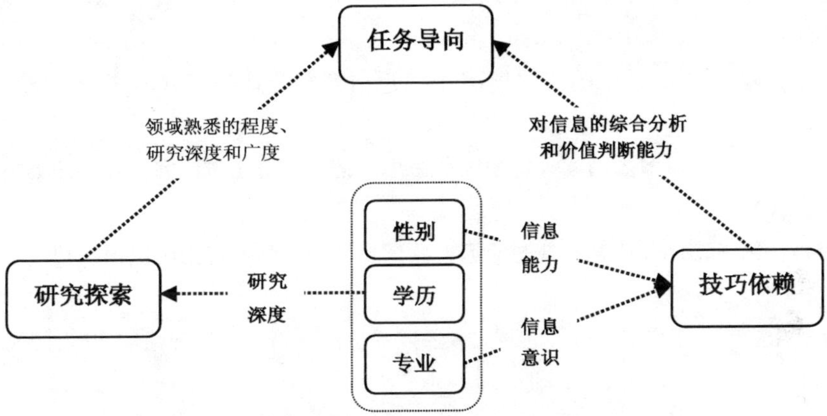

图 10-6　高校用户学术检索策略的影响因素模型

需要指出的是，由于基于检索日志的用户学术信息行为不可能像控制实验那样获取用户更加深层次的认知过程，如对信息的敏感度、认知偏好等等，因此本模型尚有待通过实证研究的方法进行验证，并进一步完善要素之间的作用机理。但本章的研究是基于海量数据分析和挖掘的结果的，因此其结论的客观性毋庸置疑，这是控制实验方法所无法达到的。下一步需要做的，主要还是通过控制实验的方法，对本章的结论进行更加深入的解释和细化。

10.6　小结

本章基于国内某大型学术期刊数据库的查询日志对高校用户的学术期刊检索行为进行了研究，主要分析了学术期刊用户的基本检索行为特征，并结合高校的具体情况，分析了不同高校类型、地域、用户学历、性别、专业等因素对用户检索策略和检索行为的影响，从而在基于日志挖掘的用户信息行为研究上做了进一步的探索。希望本章的研究能够对学界和业界的相关工作提供有益的借鉴。

参考文献

[1] Catledge L D, Pitkow J E. Characterizing browsing strategies in the World-Wide Web [J]. Computer Networks and ISDN Systems, 1995, 27 (6): 1065-1073.

[2] 王继民，彭波．搜索引擎用户点击行为分析 [J]．情报学报，2006，(2)：154-162.

[3] 王继民，彭波．搜索引擎用户访问量模型 [J]．计算机工程与应用，2004，40 (25)：9-11，30.

[4] 翁畅平．基于 Web 日志的高校图书馆用户信息行为研究 [D]．安徽大学：安徽大学，2010.

[5] 任立肖．基于 Web 日志的三大类型图书馆用户信息行为比较研究 [J]．图书情报知识，2006，(6)：28-32.

[6] 谢维奇，翟璐璐．基于 Web 日志的远程教育学员网上学习行为的识别 [J]．福建电脑，2007，(2)：23-24.

[7] 曹梅，朱学芳．用户信息行为的研究方法体系初探 [J]．情报理论与实践，2010，(1)：37-40.

[8] Park S, Lee J H, Bae H J. End user searching: A Web log analysis of NAVER, a Korean Web search engine [J]. Library & Information Science Research, 2005, 27 (2): 203-221.

[9] Spink A, Park M, Jansen B J, et al. Multitasking during Web search sessions [J]. Information Processing and Management, 2006, 42 (1): 264-275.

[10] 黄丽红．国外网络用户信息查寻行为的研究方法述评 [J]．情报科学，2009，(11)：1747-1752.

[11] 王继民．中文 Web 搜索引擎日志挖掘研究 [R]．北京大学博士后出站报告．2005.

第11章　基于用户日志的移动搜索行为分析

移动搜索用户行为特征与规律的发现，对移动搜索服务的改进具有重要的参考价值。本章基于国内某大型学术类网站一批包含300余万条有效记录的日志数据，分析了查询串、搜索时间的分布、搜索会话、移动搜索设备终端等我国移动搜索用户行为的基本特征指标，研究结果显示：与传统PC搜索相比，移动用户的查询时间分布更均匀、会话更短、使用查询推荐比例更少、移动智能终端设备用户搜索更频繁等。

11.1　引言

近年来，伴随着互联网和移动通信技术的飞速发展，移动搜索也蓬勃兴起。移动搜索通常是指在移动通信网络中，用户利用各种移动终端、通过多种接入方式（SMS、Wap、IVR等）搜索Web或Wap站点网页内容、移动增值服务内容以及本地信息，以实现随时随地信息获取的搜索方式。在近一两年的互联网日志中，来自移动客户端的用户日志比例有显著增加的趋势。和传统PC用户一样，移动互联网用户也会进行登录、查询、浏览、点击、下载、退出等一系列操作，但由于终端设备、网络环境、搜索情景的诸多不同，移动搜索和PC搜索的用户行为存在较大差异[1]。

Web用户日志记录了用户与系统交互的整个过程。刘颖等研究了Web日志数据预处理方法和用户访问路径提取与分析[2]，钱鹏等基于图书馆用户检索日志分析了用户的检索策略[3]，张卫丰等利用用户查询日志分析查询语义的相关性[4]，王熠等在电子政务网站评价指标体系对站点日均点击次数、信息更新频率、网站信息页停留时间比率等进行了分析[5]，朱志国等对Web历史访问数据进行了动态演化挖掘研究[6]，马少平、刘奕群、王继民等分别对搜狗日志、天网日志的中文搜索用户行为进行了研究[7-8]，吴瑞对模糊泛化的Web网页之间关联规则提取方法进行了实证研究[9]。

近几年，国外对移动搜索引擎日志的研究不断涌现。来自 Google 实验室的 Kamvar 和 Baluja 等于 2005、2007、2009 年发表了三篇重要的移动搜索日志研究[10-12]，关注了移动查询字符串的长度、查询内容，以及查询串与移动设备之间的关系，研究显示移动搜索用户行为沿着和传统 PC 搜索行为初期类似的发展轨迹变化，发现高端智能手机（如 iPhone）和 PC 的搜索行为更加接近。Baeza-Yates 和 Jeonghee Yi 等学者也先后对 Yahoo！的移动搜索日志进行了分析[13-15]，比较了美国和其他国家用户的搜索模式，同时比较了用户在不同搜索应用（如语音搜索）中的行为特点。此外，Church 等还通过移动运营商提供的日志分析了与用户查询相关的浏览和点击行为特征[16-18]。现有的移动搜索日志研究显示，当前移动搜索用户所输入的查询串的多样性较低，但在演化中呈现逐步增高的趋势；移动终端设备对用户行为模式有较大的影响；搜索内容中，导航型（即用户查找指定的站点和主页）和信息型（搜索特定页面内容，如人名、路线、天气等）较多，而事务型（搜索带有探索性质，需要多步访问，如下载等）较少；搜索主题中，成人和娱乐内容占比最大；相比较 PC 搜索来说，对结果的点击也更为稀疏。在国内开展移动搜索用户日志分析的研究工作较少。

本章基于国内某大型学术类网站服务器的一批用户查询与浏览日志进行实证研究，主要采用 Web 日志挖掘的一般流程和方法，通过区分并对比移动搜索日志和传统 PC 搜索日志来发现移动搜索用户的特征与规律，并对移动网站和移动搜索引擎的设计和改进提供一些具有参考价值的建议。

11.2 数据集和数据预处理

11.2.1 数据集

本章的数据集来自国内某大型学术类网站服务器一周共计 7 天的用户查询与浏览日志数据，时间为 2011 年 11 月上旬。数据包含来自传统 PC 电脑和移动终端的共计四百余万条请求记录，其中，来自移动终端的请求约占总请求的 4.16%。

该批日志的格式符合 W3C 标准[19]，具体的数据项包括：日期和时间（date &time）、请求类型（cs-method）、请求路径 URL（cs-uri-stem）、请求查询串

(cs-uri-query)、用户 IP (c-iphttp)、协议类型 (cs-version)、移动客户端代理(cs-user-agent)、引用来源 (cs-referer)、状态代码 (sc-status)、收发字节数等。考虑到商业机密和隐私保护，我们只对部分信息进行分析和结果展示。

11.2.2 数据预处理

(1) 数据清洗

主要工作包括：删除空记录；删除两天交接时文件记录中存在的一些不完整的记录；删除状态代码为4xx（客户端错误）和5xx（服务器错误）的记录；删除和用户操作无关的请求（如自动下载网页上的图片）；删除来自蜘蛛、爬虫等搜索引擎类程序的访问记录。经过清理，得到可用性较强的日志记录三百余万条。

(2) 移动端和PC端日志的区分

在区分来自移动用户和传统PC用户的数据时，我们主要使用“user-agent”和“referrer”两个字段，根据不同用户代理（用户的操作系统、浏览器等）以及跳转URL类型来源进行识别。在后面的分析中，我们将对移动端数据和PC端数据分别进行统计分析，采用对比方法来识别移动搜索用户行为模式的特点。

(3) 用户识别和会话识别

综合考察IP地址和user-agent两个数据项，可以对独立用户和会话进行识别。同时，根据文献 [11，16] 中的相关方法，我们进一步把会话分为两类：搜索会话和浏览会话。搜索会话 (search session) 是指在会话中至少提交过一次query的会话，而没有搜索行为发生的会话则定义为浏览会话 (browsing session)。根据这样的定义，本批数据中，搜索会话约占总会话数的77%，下文中对移动搜索用户行为的分析将主要围绕“搜索会话”展开。

11.3 基本统计结果与分析

11.3.1 查询串分析

我们通过编程提取出日志中用户输入的查询串 (query)。去掉乱码、空值等得到有效的查询串总共71 936个，其中，不同的查询串（去重）共计43 782个，占比60.86%。

(1) 查询串基本指标统计

首先，我们考察了移动搜索查询串的中英文类型比例。统计显示，纯中文查询串的比例为94.97%，纯英文的比例为2.26%，其余为中英混合、数字等。说明我国移动用户以中文查询为主，辅助以英文的表达。

考察移动搜索查询串的长度时使用“query 中用空格区分的子查询串个数”和“包含的字节数”两项指标。本批移动搜索日志中，大约93%的查询串中不包括空格，即只有一个查询子串，5%的用户会用空格区分两个关键词进行查询。查询串中平均包含汉字个数为5.32，一个汉字的长度是2个字节，则查询串平均字节数为10.64（中位数为10，众数为6，标准差为5.44）；对比PC端的平均汉字个数为6.31，平均字节数为12.63（中位数为10，众数为6，标准差为7.24）。移动端和PC端用户查询串长度的中位数相同，显示两者搜索内容的差异性不大，但移动端查询串长度的标准差5.44明显小于PC端的7.24，这表明：就查询内容而言，PC端用户查询的随意性更强，无意义的查询（如单字查询等）较多，而移动端的查询则相对规范一些。总体来看，我国移动用户输入的查询串长度并没有因输入终端不同而减少输入内容。国外的研究也显示了相同的结果，即移动搜索和传统PC搜索在查询串包含单词数量上相差不大[11]。

(2) 查询输入用时分布

统计用户从打开搜索框页面到按下 search 发起按钮所使用的时间，统计显示：超过80%的字符串在40s内输入完成；移动用户发起搜索的平均用时为24.3秒，短于文献 [8] 统计的美国移动用户的输入时长39.8秒。

(3) 查询推荐的使用

查询推荐（query suggestion）技术被广泛应用于各大主流的搜索引擎，为用户明确搜索意图提供思路，为修改查询提供参考，同时帮助搜索引擎进行更精确的定位，提高搜索结果的质量。本批数据中，移动搜索用户中使用查询推荐的比例大约是5%，即有大约5%的移动搜索用户通过点击搜索结果列表下方的“相关搜索”（查询推荐）或通过下拉框的搜索提示来完成查询串的输入，移动用户使用查询推荐功能的比例不高，这可能是目前的移动搜索查询推荐交互方式并不适应移动端较小的屏幕，不能及时地给予用户相关提示，也可能是移动用户能够更谨慎和完善地描述其信息需求，或移动搜索返回结果基本满足用户的信息需求。

11.3.2　用户查询时间分布

分析用户对系统访问的时间分布有利于系统资源的优化配置[8]，同时也可以反映用户的行为规律。我们以一小时为间隔，分别考察移动用户和 PC 用户一天中提交搜索请求的分布情况，结果如图 11-1 所示，其中横轴为以小时为单位的时间点，纵轴表示该时段请求数量占一天本类所有请求的比例。图 11-1 显示，移动用户和 PC 用户提交请求数量的总体时间分布大致相同，即在 0～8 时处于低谷，而在 10 时、15～16 时及 21 时出现三个高峰，这些高峰和低谷的出现与用户普遍的作息规律密切相关。不同的是，移动用户在一天内的波动要小于 PC 用户，即波峰和波谷的差距并不如 PC 明显。我们认为这是由移动设备的便捷性决定的：PC 用户上网易受到地点的限制，而移动用户则可随时随地搜索。该特征与文献［20］中学术网站用户行为分析结果，以及百度移动搜索分析的结果[24]基本一致。

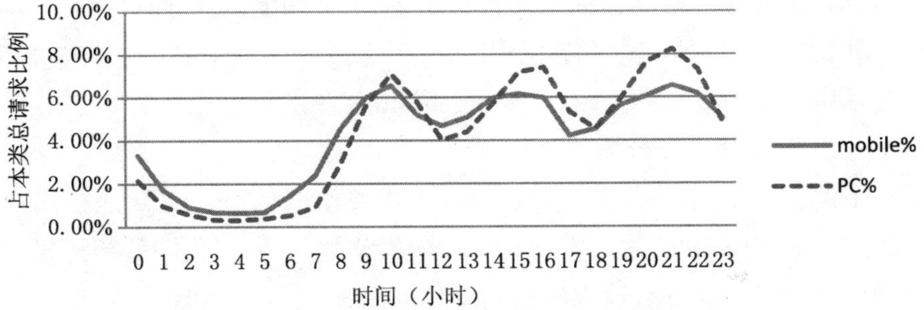

图 11-1　一天内不同时段移动用户和 PC 用户请求占比的比较

把时间段扩展到一周，可以得到一些新的结论。首先考察一周中每一天移动端访问在总访问量中所占比例：在周一到周五，移动搜索请求占比相对稳定，而在周六、周日，移动搜索比例明显上升，这在一定程度上说明目前的移动搜索在非工作时段使用频率比例更高。整体来看，在一周的用户请求中，PC 请求时间的分布波动更大一些，移动搜索相对均匀。

11.3.3　用户会话分析

（1）移动搜索会话和传统 PC 搜索会话的比较

参照文献［16］的方法，本章统计了移动搜索会话和传统 PC 搜索会话中的常见指标：平均包含请求数、平均会话时长和平均产生的流量，结果见表 11-1。

其中，“会话时长”是用户在某一会话中，从提交第一个查询到提交最后一个查询之间的差值，平均流量是用户在搜索中收发的字节数。

表 11-1　移动搜索会话和 PC 搜索会话各类指标对比

统计指标	mobile	PC
平均包含查询数	1.8	4.4
平均会话时间（秒）	45	148
平均流量（kB）	78	236

表 11-1 显示：移动搜索的请求数量、查询时间和流量都普遍低于 PC 的指标。这反映了移动用户在搜索时，倾向于比较快速地完成搜索任务；也可能是设备性能和网络流量限制了移动搜索用户的搜索使用。

（2）会话包含查询串分析

对于“移动搜索会话”，我们重点考察了每个会话包含的查询串个数。统计显示，该批日志的移动搜索会话平均包括 1.24 个查询串，PC 搜索会话平均包含 1.3 个查询串。此外，搜狗[7]和天网[21]同一个会话中查询个数为 1.75、1.5。这表明在会话中查询串提交的个数，移动搜索和 PC 搜索差距并不大。

（3）会话中包含下载行为的分析

信息下载行为是用户信息行为中的一个重要组成部分，通常是在用户完成“事务型”（transactional）信息搜索时产生的操作之一[22]。我们的统计显示，对于移动搜索会话，包含下载请求的占到总数的 3.33%，远远低于 PC 搜索会话中下载占 11.68%的比例。这也在一定程度上反映了移动用户并不经常进行下载操作，事务型搜索在移动搜索中的比重较低。

（4）用户会话的入口分析

在搜索引擎优化（SEO）和网站分析中，用户跳转来源（即对于会话任务，用户是从哪里进入的）是一项非常重要的分析内容。一般来说，这项指标可以从日志记录里面的 referrer 得到。通过分析该批网站日志的用户入口来源和比例，并把传统 PC 用户和移动用户进行对比可以看到：总体而言，无论是 PC 数据还是移动数据，搜索引擎都是网站最大的流量来源，分别占比 92.25%和 96.81%，其次是空值（如通过网址导航、书签跳转和直接输入网址等），分别占比 3.79%和 2.14%。此外，也反映出搜索引擎在移动用户入口中占据更高的比重，这在一定程度上说明移动搜索引擎是移动用户获取信息的主要入口。

进一步，我们对移动搜索引擎的入口进行了细分。在移动搜索引擎的选择中，百度仍然是用户使用最多的搜索引擎，来源占比 80.11%（包括 m. baidu. com、wap. baidu. com、www. baidu. com），其次是 UC 手机浏览器自带的搜索引擎“搜索大全”，占比 15.71%，然后是谷歌、搜狗等。这说明，移动用户仍然延续了在 PC 上搜索引擎的选择偏好，对百度的认可度较高，但移动浏览器默认的搜索引擎可以较大程度地影响移动搜索的市场份额。2011 年的调查显示，UC 手机浏览器产品市场份额在国内最大[23]。

11.3.4　移动搜索设备分析

移动智能终端设备给用户带来很好的上网体验，日渐丰富的移动互联网内容和应用也引领着移动终端设备的快速升级[16]。在这里，我们考察了可以较好支持用户移动搜索行为的移动终端设备的特征，即观察搜索行为最为活跃的会话对应的设备特征共性是哪些。我们分别抽取了在搜索会话中，提交查询串数量、提交请求数量、下载数量、会话时长最多的搜索行为对应的移动设备型号，并取其设备型号的交集。可以发现这些移动终端设备的操作系统、屏幕大小、屏幕分辨率、输入方式有一些共同特征，如表 11-2 所示。

表 11-2　频繁搜索用户的移动智能终端设备特征

型号	操作系统	屏幕大小（寸）	分辨率	输入方式
A	iOS	3.5	320×480	触屏
B	Android 2.3	3.2	480×320	触屏
C	Android 2.2	3.7	800×480	触屏
D	iOS（iPad）	9.7	2 048×1 536	触屏
E	iOS	3.5	960×640	触屏
F	Android 2.2	3.7	854×480	触屏
G	Android 2.0	3.7	854×480	触屏
I	Symbian S60	3.2	640×360	触屏
J	Symbian S60	2.4	240×320	12-key 键盘
K	Android 2.2	4.0	800×480	触屏

表 11-2 显示，移动搜索行为最活跃用户所使用的排序前 10 的移动终端设备全部是智能终端（即智能操作系统），系统包括苹果的 iOS 系统、Google 公司的

Android 系统和诺基亚的 Symbian S60 系统；设备的屏幕普遍较大，3 寸以上屏幕是主流；屏幕的分辨率较高；输入方式以触屏输入为主，来自平板电脑（如 iPad）的搜索量很大。与文献［16］中 2007 年的研究结果作比较，结果显示：近些年移动搜索用户的终端设备性能大大提升，智能操作系统、大而清晰的屏幕和输入方式方便的移动智能终端设备对用户的移动搜索行为产生积极的影响。

11.4 移动搜索用户行为的基本特征

本章对 2011 年 11 月的一批网站日志进行了分析，通过和 PC 用户的对比，从查询串、会话、用户设备等多个维度分析了移动搜索用户行为，得到了我国移动搜索用户的一些特征。

（1）我国移动搜索用户在输入字符串时，以中文查询为主，辅助以英文表达，纯中文字符的查询串占比约 95％。约 93％的查询串中不包含空格，即只包含一个查询子串。

（2）移动搜索用户输入的查询串长度和 PC 端输入的长度相差不大，平均 5～6个汉字。这些查询串的输入平均时间约为 24 秒，其中超过 80％的字符串用户在 40 秒内输入完成。

（3）移动搜索用户中有 5％的用户使用查询推荐功能，即用户通过点击搜索列表下方的“相关搜索”或在输入时点击提示下拉框来完成查询串的输入，低于 PC 用户 8％的查询推荐使用比例。

（4）与 PC 搜索相比，移动搜索请求在一天的波峰、波谷之间的差距相对较小，即一天中提交的请求时间分布相对更加均匀，说明移动搜索和工作时间的相关程度不如 PC 搜索密切。

（5）在会话中，移动搜索的平均请求数量、平均查询时间、平均流量和下载频率都低于 PC 搜索，其各项指标数值约是 PC 搜索会话的三分之一，但会话中平均提交的 query 个数和 PC 相差不多，介于 1.2 与 1.3 之间。

（6）移动搜索引擎是移动用户进行信息获取的主要入口，在搜索引擎的选择上，百度是我国移动用户使用最多的搜索引擎，占比约 80％。其次，移动浏览器默认的搜索引擎直接影响着移动搜索引擎的市场份额。

（7）移动搜索行为所使用的移动终端设备的共有特征是：多数为智能操作系统、较大屏幕、较大的分辨率、以触屏输入方式为主。

11.5　小结

基于我国移动搜索用户行为特征的发现，我们提出几点改进移动搜索服务的建议。

（1）优化查询推荐服务。移动用户的查询意图大多临时产生，其查询请求多用自然语言表达，移动搜索端的一系列算法优化、自然语言处理技术，将有助于提供更好地查询推荐服务。

（2）优化结果排序。移动用户的不同查询串分布较为集中，少部分 query 被多次输入。移动用户的查询时间分布较为碎片化，且花在每次查询上的时间较少。因此，可以优化高频检索词的排序，提高用户检索命中率。

（3）提供个性化服务。搜索内容受限于移动智能终端的屏幕大小，移动用户对无效信息的容忍度较低，在搜索质量上提出了更高要求。手机自带的 GPS、相机和话筒等辅助设备为支持多媒体互联网活动提供了前提条件，网站和搜索引擎可以充分利用用户日志记录，发现用户兴趣，结合用户地理位置信息等，丰富搜索上下文环境，为用户提供更加个性化的服务。

随着移动用户数量的快速增长，移动搜索日志挖掘已成为用户行为分析领域的热点研究方向之一。由于移动搜索用户的搜索主要集中在碎片时间，信息需求的地域性强，而移动智能终端设备能够记录用户的地理位置信息，将用户查询日志与用户地理位置等数据信息相结合进行用户行为分析是未来移动搜索用户行为研究的一个重要方向。

参考文献

[1] Bouidghaghen O, Tamine-Lechani L, Boughanem M. Dynamically personalizing search results for mobile users [J]. Flexible Query Answering Systems, 2009: 99-110.

[2] 刘颖，彭赓，吕本富，等. 基于 Web 日志的用户访问路径提取与分析 [J]. 情报学报. 2009, 28 (4): 548-556.

[3] 钱鹏，袁芳. 电子资源检索策略日志分析与读者培训——以 INSPEC 为例 [J]. 图书情报知识. 2004 (6): 50-51.

[4] 张卫丰，张迎周，周国强. 基于语义和直值程度的相关查询客观度量 [J]. 情报学报.

2012，31（6）：574-582.

[5] 王熠，王锁柱．基于 Web 日志分析的电子政务网站综合评价方法［J］．情报科学．2007，25（10）：1495-1498.

[6] 朱志国，邓贵仕．持久偏爱的 Web 用户访问路径信息挖掘方法［J］．情报学报．2010，29（2）：208-214.

[7] 余慧佳，刘奕群，等．基于大规模日志分析的网络搜索引擎用户行为研究［C］．第三届学生计算语言学研讨会．2006.

[8] 王继民，陈翀，彭波．大规模中文搜索引擎的用户日志分析［J］．华南理工大学学报（自然科学版），2004，32（S）：1-5.

[9] 吴瑞．Web 日志中模糊泛化关联规则的提取［J］．情报学报．2011，30（2）：192-196.

[10] Kamvar M，Baluja S. A large scale study of wireless search behavior：Google mobile search［C］.//Proceedings of the SIGCHI Conference on Human Factors in Computing Systems，ACM. 2006.

[11] Kamvar M，Baluja S. Deciphering trends in mobile search［J］．Computer，2007，40（8）：58-62.

[12] Kamvar M，Kellar M，Patel R，et al. Computers and iphones and mobile phones，oh my!：a logs-based comparison of search users on different devices［C］.//Proceedings of the 18th International Conference on World Wide Web，ACM. 2009.

[13] Baeza-Yates R，Dupret G，Velasco J. A study of mobile search queries in Japan［C］.//Proceedings of the International World Wide Web Conference. 2007.

[14] Yi J.，Maghoul F，Pedersen J. Deciphering mobile search patterns：a study of Yahoo! mobile search queries［C］.//Proceeding of the 17th International Conference on World Wide Web，ACM. 2008.

[15] Yi J，Maghoul F. Mobile search pattern evolution：the trend and the impact of voice queries［C］. //Proceedings of the 20th International Conference Companion on World Wide Web，ACM. 2011.

[16] Church K，Smyth B，Cotter P，et al. Mobile information access：a study of emerging search behavior on the mobile Internet［J］．ACM Transactions on the Web（TWEB），2007，1（1）：4.

[17] Church K，Smyth B，Bradley K，et al. A large scale study of European mobile search behaviour［C］.//Proceedings of the 10th International Conference on Human Computer Interaction with Mobile Devices and Services，ACM. 2008.

[18] Church K，Oliver N. Understanding portal-based mobile search：a case study［C］.//Proceedings of the 2nd International Workshop on Research in the Large，ACM. 2011.

[19] Logging Control In W3C httpd. http://www.w3.org/Daemon/User/Config/Logging.html#common_logfile_format.

[20] 王建冬，王继民．基于日志挖掘的高校用户期刊数据库检索行为研究［J］．北京大学学报（自然科学版），2012，48（1）：29-36.

[21] 王继民．中文搜索引擎日志挖掘研究［R］．北京大学信息科学技术学院博士后研究工作报告，2005.

[22] Jansen B J，Spink A，Bateman J，et al. Real life information retrieval：a study of user queries on the Web［C］.//ACM SIGIR Forum，ACM. 1998.

[23] 易观智库．中国手机浏览器市场2011年度报告［EB/OL］．2012，http://www.enfodesk.com/SMinisite/index/taginfolist/tag_id/3039.html.

[24] 百度移动云计算事业部．移动互联网发展趋势报告2011Q4［EB/OL］．2012，http://open.shouji.baidu.com/?page=mireport.

下　篇

基于Web用户查询日志的应用研究

在应用研究方面，我们的工作主要有3项，其一为一项实验性研究：基于支持向量机回归的方法发现相关查询；其二介绍一项发明专利技术：基于用户日志进行查询推荐的方法及系统；其三为基于用户搜索日志的网络舆情监测实例与实证研究。

本篇共包含三章内容，具体如下。

（1）对用户输入的查询请求，如果搜索引擎系统能给出一个相关查询列表，将有助于用户进行查询修正，进而检索到用户所需要的信息。本篇第12章提出了一种利用支持向量回归发现相关Web查询的新方法。

（2）对第12章的方法进行深化、推广和改进后，我们提出了一种具有实际可操作的基于用户日志进行查询推荐的方法及系统，它充分利用了搜索引擎用户日志的数据项，为用户提供最可能反映其查询意向且系统具有最佳反馈结果的查询串。该项技术已获得授权发明专利。本篇第13章详细介绍这一专利技术。

（3）本篇第14章首先介绍基于Web用户查询日志的网络舆情监测实例：谷歌趋势、百度指数，然后介绍我们所做的一项探索性研究工作：Web用户查询与社会事件之间的关系。

第12章 利用支持向量回归确定相关Web查询

对用户输入的查询请求，如果搜索引擎系统能给出一个相关查询列表，将有助于用户进行查询修正，进而检索到用户所需要的信息。本章提出了一种利用支持向量回归发现相关Web查询的新方法。对一个给定的Web查询，首先从用户的使用记录中抽取候选查询的五个量化指标：被查询的次数、被查询的用户量、用户在反馈结果中的点击次数、与给定查询间的共有词项个数、点击相同URL的个数等。然后用手工标记部分训练数据，进而建立支持向量回归模型，依照相关度的大小确定相关Web查询。实验结果显示该方法具有较高的准确度。

12.1 引言

用户使用搜索引擎的一般过程可描述为：用户在查询框内输入一个查询(query)，经搜索引擎内部进行分析和处理后得到几百甚至上万条相关记录，每若干条记录（如10个记录）组成一个Web页面，每条记录都代表着一个网页（或称一篇文档）入口，它包含了该文档的标题、在Web上的位置（URL）、网页内容摘要等信息。用户可以由此判断该记录所指向的网页是否包含自己感兴趣的内容，并决定是否点击该URL而详细浏览。如果用户认为系统返回的结果不理想，可能会修改原查询并进行新的查询，即查询修正。

为方便用户进行查询修正，一些搜索引擎系统如Google、百度等已经在用户第一次提交查询请求后，在系统返回的结果页面中包含了一个相关查询列表，供用户进行查询修正时参考，这为用户更精确地表达自己的信息需求提供了便利。

基于搜索引擎日志所提供的用户使用记录，利用支持向量回归发现高质量的、与给定Web查询相关的其他查询是本章的主要研究内容。我们首先分析所推荐的相关Web查询应该具有什么样的性质（影响因素），然后量化这些性质并手工标记部分训练数据，选用基于结构风险最小化准则、具有较好推广能力的支持向量回归（SVR）方法建立回归模型，预测各候选查询的相关度，并按相关度大小降序排列，取前若干个查询作为系统推荐的相关 Web 查询，最后设计实验、验证该方法的有效性。

12.2 相关研究工作

搜索引擎一般都会记录用户的访问信息，包括用户访问的时间、用户的 IP 地址、输入的查询、用户所点击的 URL、点击的时间以及点击 URL 的序号等。这些信息通常以日志形式存入磁盘文件系统中。

对搜索引擎日志进行统计分析显示，用户输入的查询一般比较短：多数英文查询由 2～3 个单词组成，多数中文查询由 2～4 个汉字组成[2]。由于短词语所能表达的主题比较宽泛，容易存在歧义，往往不能准确地表达用户的信息需求。传统的信息检索系统利用查询扩展来解决这一问题，主要方法有基于用户反馈作查询扩展、基于局部或全部信息作查询扩展等[3,4]。可能由于这些方法过多地依赖文档集中各个文档的具体内容，实现上较为复杂，因此多数实际运行的检索系统并未提供查询扩展服务。

如何为一个给定的查询提供一些相关查询，目前已有一些研究成果。通常要考虑两种因素的影响：①如果两个查询包含相同词项，则它们可能是相关的，并且所含的共有词项越多，相似性就越高。②对两个不同的查询，如果用户点击了查询结果中的相同 URL，则它们可能是相关的。文献［5］在计算查询间的相似性时，不仅考虑了上述两种因素的影响，还考虑了点击 URL 对应文档间的类别相似性，它不仅要求有一个事先建好的文档分类体系，还要求文档分类的准确率比较高，因此不适用于一般的搜索引擎系统。

文献［6］仅考虑了上述第二种因素的影响，它通过分析用户的点击日志并进行聚类而得到相关查询。该方法首先构造一个二部图，即依据用户的点击记录，连接查询集合与点击 URL 集合中的一些对应元素，然后用凝聚（agglomerative）的迭代算法进行聚类，依次合并两个查询和两个 URL 直至迭代结束。其缺点是不能有效地处理“噪声”数据，即如果用户误点了某个 URL，两个不相关的查询就可能被永远地聚在一起[7]。

Fonseca 等提出了一种利用关联规则确定相关 Web 查询的方法[8]。该方法将查询看作关联规则中的项（item），将查询日志中的会话看作事务（transaction），即在一定时间间隔内单个用户提交查询的集合为一个事务。该方法的缺点是日志中确定查询会话比较困难，而且它不能发现由不同用户提交的相关查询。

对搜索引擎的返回结果进行聚类并用可读性较好的短句描述各个类别是另一个值得研究的问题。文献［9］提出了将聚类问题转化为排序问题，即将结果聚类转化为从文档集合中抽取重要短句并进行排序和展示的新方法。本章借鉴了该文的一些研究思路和试验方法。

12.3　相关查询的性质与支持向量回归

本研究的目标是：对一个给定的查询 q_0，从某一时间段的用户（查询与点击）日志中，找到与 q_0 最相关的 N 个查询 $\{q_1, q_2, \cdots, q_N\}$。

12.3.1　相关查询的性质

系统推荐给用户的相关查询应该被足够多的用户提交、查询次数较多，系统对这些相关查询具有良好的反馈结果，在形或意方面比较相近。为此，对给定的一个查询 q_0，从搜索引擎一段时间间隔的日志文件中抽取一个候选 Web 查询 q_i 的下列统计指标。

（1）用户查询的次数。即向系统提交查询 q_i 的总次数，主要反映用户提交 q_i 的总量。

（2）用户的点击次数。即查询为 q_i 时，用户点击 URL 的总次数（重复的 URL 按重数计），主要反映系统是否对 q_i 有良好的反馈结果。

（3）不同用户的数量。即向系统提交查询 q_i 的不同用户的数量，主要反映提交 q_i 的用户分布情况。

（4）共有词汇的数量。即查询 q_i 与查询 q_0 共有词项的数量，如查询 q_0 为“北京大学”，q_i 为“清华大学”，若这两个查询分词后为“北京”“大学”和“清华”“大学”，则两者各含有两个词项，且共有一个词项“大学”。该指标主要反映 q_i 与 q_0 使用相同词项方面的相近性。

（5）点击相同 URL 的数量。即查询 q_i 与查询 q_0 点击相同 URL 的数量（重复的 URL 按重数计），主要反映 q_i 与 q_0 在语义方面的相近性。

在这 5 个指标中，前三个与 q_0 的选取无关，后两个与 q_0 的选取有关，随 q_0

的不同而不同。文中将这 5 个指标作为是否将一个查询推荐给用户的 5 个影响因素。为避免各个因子之间的量级差异，需要对这些指标进行变换和归一化处理。

由于用户的查询量、点击量与不同用户的数量通常服从 Pareto（或类 Zipf）分布[10]，文中取其对数值，并做归一化处理，使每一因子的取值落入［0，1］。具体地，用 $L_t(q_i)$，$t=1，2，3$ 分别表示 q_i 的用户查询次数、点击次数、不同用户量的对数值，然后作如下归一化处理：

$$x_t = L_t(q_i)/\max(L(q_0),\ L(q_i))\ ,\ t=1,\ 2,\ 3 \tag{12-1}$$

用 $M(q_i)$ 表示查询 q_i 中含有的词项个数，用 $M(q_0,\ q_i)$ 表示 q_0 与 q_i 含有的公共词项的个数，则归一化的“共有词汇的数量”为

$$x_4 = M(q_0,\ q_i)/\max(M(q_0),\ M(q_i)) \tag{12-2}$$

设 $N(q_i)$ 表示查询为 q_i 时点击所有 URL 的多重集合的大小（即重复的 URL 按重数计算），$N(q_0,\ q_i)$ 表示 q_0 与 q_i 共同点击的 URL 多重集合的大小，则归一化的“点击相同 URL 数量”为

$$x_5 = N(q_0,\ q_i)/\max(N(q_0),\ N(q_i)) \tag{12-3}$$

12.3.2 支持向量回归

前面将候选 Web 查询 q_i 的 5 个统计指标看作 q_i 是否能成为推荐相关查询的 5 个影响因素，但如何组合这些指标并用以度量候选查询 q_i 与 q_0 的相关度？作者考虑使用回归分析的方法。具体地，用目标变量 y_i 表示查询 q_i 与 q_0 的相关度，而 5 个回归变量分别对应 q_i 的 5 个统计指标，其量化取值由式（12-1）～式（12-3）给出。但实验结果表明，使用基于最小二乘的多元线性回归方法进行预测，其结果的准确度不高，实验中发现：使用一些适当的技巧处理可增加线性回归方法进行预测的精度，如以用户查询量作为支持度，以点击数与查询数之比作为一个影响因素，其预测精度有一定的提高，但仍大大低于 SVR 方法的预测精度。为此，文中选用具有较好推广能力的支持向量回归（SVR）方法来发现与给定 Web 查询相关的其他查询。

根据统计学习理论，学习机器的实际风险由经验风险值和置信范围值两部分组成[14]。而基于经验风险最小化准则的学习方法只强调了训练样本的经验风险最小误差，没有最小化置信范围值，因此其推广能力较差。Vapnik 提出的支持向

量机（SVM）以训练误差作为优化问题的约束条件，以置信范围值最小化作为优化目标，即 SVM 是一种基于结构风险最小化准则的学习方法，其推广能力明显优于一些传统的学习方法。

由于 SVM 的求解最后转化成二次规划问题的求解，因此 SVM 的解是全局唯一的最优解。通过引入 ε 不敏感损失函数，SVM 已推广到非线性系统的回归估计并展现了极好的学习性能。目前 SVR 方法已经在非线性系统辨识、预测预报、建模与控制等方面得到了广泛的应用。

假设训练样本集为 $S=\{(x_i,\ y_i),\ x_i \in R^d,\ y_i \in R\}$，则（线性）$\varepsilon$ 不敏感损失函数为

$$L_\varepsilon(y,\ f(x,\ w)) = |\ y - f(x,\ w)\ |_\varepsilon = \max(0,\ |\ y - f(x,\ w)\ | - \varepsilon) \tag{12-4}$$

其中，f 为通过样本的学习而构造的回归估计函数；$\varepsilon>0$ 为与函数估计精度直接相关的参数。

相应的支持向量回归问题可描述为

$$\begin{aligned} &\min \frac{1}{2}\|w\|^2 + C\sum_{i=1}^{l}(\xi_i + \overline{\xi_i}) \\ &\text{s. t. } (wx_i + b) - y_i \leqslant \varepsilon + \xi_i \\ &y_i - (wx_i + b) \leqslant \varepsilon + \overline{\xi_i} \\ &\xi_i,\ \overline{\xi_i} \geqslant 0,\ i = 1,\ 2,\ \cdots,\ l \end{aligned} \tag{12-5}$$

其中，ξ_i、$\overline{\xi_i}$ 为松弛变量；$C>0$ 为惩罚系数，C 越大表示对超出 ε 管道数据点的惩罚越大。

通过将上述最优化问题转化为其对偶问题，并扩展到核函数空间，可得到如下性质[15]。

假设在训练集 $S=\{(x_1,\ y_1),\ldots,\ (x_l,\ y_l)\}$ 上使用核函数 $K(x,\ z)$ 隐式定义的特征空间做回归，并假定参数 α^* 是二次优化问题（12-6）的解：

$$\begin{aligned} &\min w(\alpha) = \sum_{i=1}^{l} y_i\alpha_i - \varepsilon\sum_{i=1}^{l}|\alpha_i| - \frac{1}{2}\sum_{i,\ j=1}^{l}\alpha_i\alpha_j K(x_i,\ x_j) \\ &\text{s. t. } \sum_{i=1}^{l}\alpha_i = 0,\ -C \leqslant \alpha_i \leqslant C \end{aligned} \tag{12-6}$$

则函数 $f(x)=\sum_{i,j=1}^{l}\alpha_i^* K(x_i, x)+b^*$ 等价于核 $K(x, z)$ 隐式定义的特征空间中求解问题（12-5）得到的超平面。

用不同核函数 $k(x, x_i)$ 可以构造实现输入空间中不同类型的非线性决策面的学习机，从而导致不同的支持向量算法。在实际问题中，通常是直接给出核函数。常用的核函数有：①线性核函数 $k(x, x_i)=(x\cdot x_i)$ 。②多项式核函数 $k(x, x_i)=(s(x\cdot x_i)+c)^d$（$s$，$c$，$d$ 为参数），显然，线性核函数可以看作多项式核函数的一种特殊情况。③径向基核函数 $k(x, x_i)=\exp(-\gamma|x-x_i|^2)$（$\gamma$ 为参数）。④Sigmoid 核函数 $k(x, x_i)=\tanh(s(x\cdot x_i)+c)$（$s$，$c$ 为参数）。

12.4 训练数据与实验结果

12.4.1 数据准备

本章选取北大天网搜索引擎 2003 年 11 月 16 日 0 时至 22 日 24 时共一周的用户查询与点击日志（燕穹提供的数据产品编号为 YQ-QUERYLOG. 0311 和 YQ-CLICKLOG. 0311）作为实验数据。对数据进行清理，主要包括删除异常查询和查询串为空的记录。其中，对可能的异常查询，删除了一天内来自同一 IP 地址且查询次数超过 200 次的用户记录，由于正常情况下单个用户进行如此多查询的可能性不大（该数据集只删除了不到 1%的用户记录），这通常是由元搜索引擎中爬取器的频繁访问或其他的恶意攻击所导致的。由于存在多个用户共用一个 IP 地址的情况，所以这样做可能会删除一些正常用户的使用记录，相比于十几万的用户量，这些个别用户的查询不足以影响整体数据的统计分析。

其他的预处理工作包括将查询中的英文字母全部转化为小写（多数搜索引擎系统都做这一处理）、去除查询中的多余空格等。对于候选查询串的长度，文中限制在 2～30 个字节之间，即不考虑过短（如一个汉字）或者过长的查询，因为中文搜索引擎用户的多数查询包含 2～4 个汉字[2]。

对用户日志作上述预处理，将极大地提高该方法发现相关查询的效率和精度。

12.4.2 训练数据

首先讨论训练数据集中查询的选择。根据文献［12］、［13］，用户查询可以粗分为 3 类：信息型（informational）、导航型（navigational）和事务型（transactional）。其中，信息型查询表示用户想要查找主题相关的 Web 页面，即所查找的页面内容可以满足用户的信息需求，如某一事件的报道、影视介绍、小说、人名等。导航型查询表示用户想要查找一个指定名称的站点或主页，如某一机构、公司的网站名称等。事务型查询表示用户想要查找一个服务入口，以便进行下一步的访问，如软件、图片、音乐等资源的下载。文献［13］的统计显示人们进行信息型、导航型与事务型查询的数量之比约为 5：2：3。

依照这一分类和相关比例，本章在用户查询日志中按事件类别选择了 30 个热点查询串作为训练样本，如表 12-1 所示。它们属于上述日志中的前 500 个热点查询串，代表性较强。

表 12-1　实验中选取的查询样本

类型 type	查询事例
信息型（15 个）	个人简历，思想汇报，高等教育改革，三个代表，人工智能，毛泽东思想，计算机等级考试，星座，核心期刊，工作总结，剩余价值，操作系统，中美关系，素质教育，环境保护
导航型（5 个）	百度，水木清华，北京大学，华军软件园，中国期刊网
事务型（10 个）	课件，软件下载，列车时刻表，图片，电影，音乐，游戏，播放器，中国地图，电视剧

随后，对每一给定的查询 q_0，找出所有与它可能的相关查询集合 Q，Q 的元素由两类查询串组成：与 q_0 有公共词项或者有公共点击 URL 的查询。为了减小训练数据 Q 的值，将这些查询按不同用户量的大小进行降序排列，取前 N 个结果作为推荐的候选相关 Web 查询，本次实验中取 $N=60$。这里选择不同用户量作为预取指标主要是因为它反映了一个查询是否被足够多的用户提交。由于推荐相关查询的数量往往不超过 10 个，所以取 $N=60$ 已基本囊括了所有可能的相关查询。实验中发现，样本中有 5 个查询的候选查询个数尚不足 60。

通过综合考察候选查询与给定查询 q_0 的 5 个统计指标，手工标注每一候选查询的相关度，分别用 1 和 0 来表示“相关”和“不相关”。对每个 q_0，所标注的相关查询的个数在 15～23 之间，平均为 19.3 个，其余为不相关。由此得到了样本数据。

12.4.3 评估度量

用前 N 个返回结果中所包含的相关查询的个数来度量试验结果的准确性（精度），即 $P@N=|C\cap R|/|R|$，R 表示所反馈的前 N 个查询的集合，C 表示 R 中标记为相关查询的集合。在本章的实验中，我们分别取 $N=5$，10，15 进行结果评估。

12.4.4 实验结果

选取 20 个样本数据作为训练集，其中信息型 10 个、导航型 3 个、事务型 7 个；剩余的 10 个样本作为测试集。

Joachims 在文献［16］中所采用的基于工作样本集的 SVM 训练算法常被作为一些算法的比较标准，对应的 SVMlight 是一个非商业性的免费软件，可见 http：//svmlight. joachims. org/。文中选用该软件包做支持向量回归，参数 C 和 ε 取系统默认值。在线性核函数、径向基核函数、Sigmoid 核函数下，其 $P@5$、$P@10$ 和 $P@15$ 的精度值如图 12-1 所示，图 12-1 还给出了将训练数据集作多元线性回归的预测结果。从图 12-1 可以看出，使用径向基核函数和线性核函数进行相关查询，预测结果的精度比较高，明显高于使用多元线性回归的预测结果；但使用径向基核函数的预测结果最好，在 $P@5$、$P@10$ 和 $P@15$ 下的精度分别为 0.94、0.87 和 0.793；而 Sigmoid 核函数下的 SVR 预测结果较差。

对于不同类型的查询，文中对线性核函数下的支持向量回归结果进行分类型评估，结果如图 12-2 所示。从图 12-2 可以看出，对于不同类型的查询，其结果精度存在较大的差异。一方面，事务型信息的精度最高，在 $P@5$、$P@10$ 和 $P@15$ 下的精度分别为 1、0.96 和 0.84。出现这一结果可能与网络信息资源的分布有关，多数重要的信息资源都存在镜像（复制的资源），并且镜像度很高（我们的另一项统计显示，天网搜集的近 3 亿网页中，平均每个网页大约有 4～5 个正文内容相同的网页），所以有较多的候选查询属于推荐相关查询。另一方面，导航型查询的推荐精度对 N 的取值较为敏感，在 $P@5$ 时结果精度为 0.9，而在 $P@15$ 时为 0.6。出现这种情况的原因是用户对该类信息的需求提交的查询串较为集中（从训练数据集中也可以看到这一点），如“新浪”是一个大家熟悉的站点，候选查询集本身就集中在“新浪网”、“新浪首页”等为数不多的几个查询。如果能将查询进行分类，并根据查询类别决定反馈相关查询列表的长度，其结果的精度将会更高。

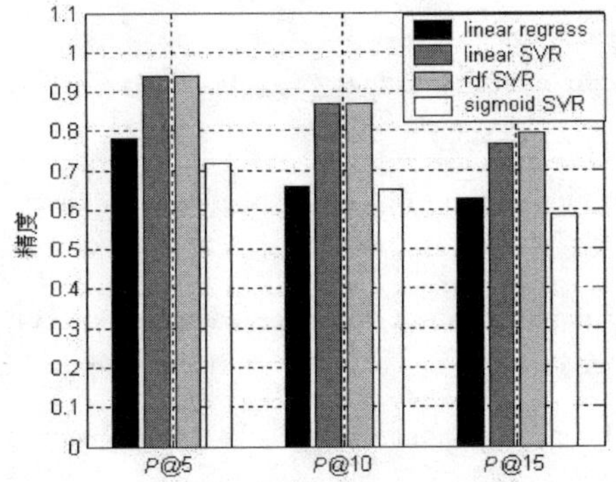

图 12-1　线性回归与不同核函数下 SVR 的预测精度

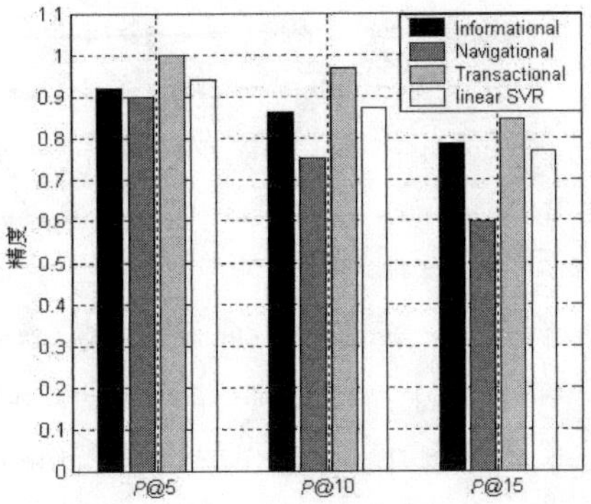

图 12-2 不同类型查询的预测精度

12.5　小结

本章提出了一种发现相关 Web 查询的新方法，该方法从搜索引擎用户使用记录中抽取候选查询的一些量化指标，作为与给定查询相关的影响因素，从训练数据中学习支持向量回归模型，预测各候选查询与给定查询的相关度，排序后取出相关度比较高的若干个查询作为系统推荐的相关查询。实验结果显示该方法具有较高的准确度。由于支持向量回归方法基于结构风险最小化准则，具有较好的推广能力，且适应于小样本回归分析，所以其预测结果明显优于使用多元线性回归模型时的预测结果。

对一个搜索引擎系统而言，短期内（如一个月）整体用户提交的查询短语具有自相似性特征且服从 Power-Law 分布[10]。所以，一旦建立了一个“发现相关 Web 查询”的模型，那么就可以根据该模型找到所有查询（特别是频繁查询）的相关 Web 查询，进而建立倒排表为用户提供相关查询服务。

根据查询主题的变化与迁移，如何动态、增量式地发现高质量的相关 Web 查询是下一步的主要研究内容。

参考文献

[1] CNNIC（中国互联网络信息中心）. 第十五次中国互联网络发展状况统计报告（2005/1）

[EB/OL]. 2005-01-30. http://www.cnnic.net.cn/.
[2] 王继民，陈翀，彭波. 大规模中文搜索引擎的用户日志分析 [J]. 华南理工大学学报（自然科学版），2004，32 (S)：1-5.
[3] Cui H , Wen J R, Nie J Y, et al. Query expansion by mining user logs [J]. IEEE Transactions on Knowledge and Data Engineering, 2003, 15 (4): 829-839.
[4] Baeza-Yates R, Ribeiro-Neto B. Modern Information Retrieval [M]. England: Addison-Wesley, 1999.
[5] Wen J R, Nie J Y, Zhang H J. Query clustering using user logs [C]//Proceedings of the 10th World Wide Web Conference. New York: ACM Press, 2001.
[6] Beeferman D, Berger A. Agglomerative clustering of a search engine query log [C]//Proceedings of the Sixth ACM SIGKDD International Conference on Knowledge Discovery and Data Mining. 407-416, Bosten, MA USA, 2000.
[7] Chan W S, Leung W T, Lee D L. Clustering search engine query log containing noisy clickthroughs [C]//Proceedings of the 2004 International Symposium on Applications and the Internet. 305-308, NJ: IEEE Press, 2004.
[8] Fonseca B M, Golgher P B, De Moura E S, et al. Using association rules to discovery search engines related queries [C]//First Latin American Web Congress. Santiago, 2003.
[9] Zeng H J, He Q C, Chen Z, et al. Learning to cluster Web search results [C]//Proceedings of the 27th Annual International ACM SIGIR Conference on Research and Development in Information Retrieval. 210-217, New York: ACM Press, 2004.
[10] 李晓明，闫宏飞，王继民. 搜索引擎原理、技术与系统 [M]. 北京：科学出版社，2005.
[11] Xie Y L, O'Hallaron D. Locality in search engine queries and its implications for caching [C]// Proc IEEE Infocom 2002. 1238-1247, NJ: IEEE Press, 2002.
[12] Kang I H, Kim G. Query type classification for Web document retrieval [C]//Proceedings of the 26th Annual International ACM SIGIR Conference on Research and Development in Information Retrieval. 64-71, New York: ACM Press, 2003.
[13] Broder A. A taxonomy of web search [J]. ACM SIGIR Forum, 2002, 36 (2): 3-10.
[14] 边肇祺，张学工. 模式识别 [M]. 北京：清华大学出版社，2000.
[15] Nello C, John S T. An Introduction to Support Vector Machines and Other Kernel-based Learning Methods [M]. England: Cambridge University Press, 2000.
[16] Joachims T. Making large-scale SVM learning practical [C]//Advances in Kernel Methods : Support Vector Learning. Cambridge, MA: MIT Press, 1999.

第13章　基于用户日志的查询推荐方法及系统

本章主要介绍我们所申请的一项发明专利技术（专利号：ZL201110422562.1），该专利公开了一种基于用户日志进行查询推荐的方法及系统，所述方法包括：根据用户日志中的数据集得到有效查询日志集合；选择典型查询串作为训练集，在有效查询日志集合中提取每个查询串的支持度、流行度、推荐度、共现度、相似度和关联度等六个特征指标，构建基于训练集的复合预测模型；对用户输入的查询串，提取候选查询串的六个特征指标，并将其作为变量输入到复合预测模型中，计算每一候选查询串与给定查询串的相关性大小，输出排序靠前的 N 个查询串；所述系统包括实现上述方法的数据准备模块、预测模型构建模块和处理输出模块。该专利充分利用搜索引擎用户日志，为用户推荐更加优质的查询串。

13.1　引言

随着万维网上信息数量的快速增长，越来越多的人使用搜索引擎去查找 Web 上的有用信息。2011 年中国互联网络信息中心（CNNIC）的统计报告显示，在各种网络应用服务中搜索引擎的使用率已排名第一，并成为网民进入互联网的最主要入口。使用搜索引擎时，用户只需在搜索框中输入一个查询串（或称查询短语，query），检索系统就会根据用户输入的内容提供检索结果列表（result list），用户点击相应结果的 URL 到达相应网页。

虽然搜索引擎的技术在不断改进和提升，但仍存在如下问题：一方面，统计表明，用户输入的查询串普遍较短，平均只有 2～4 个汉字，在这种情况下，短语所表达的主题比较宽泛，容易产生歧义，从而不一定能确切反映用户的搜索意图；另一方面，即使用户提出的关键词是准确的，搜索引擎也仅仅是把与关键词匹配的结果返回给用户，结果具有通用性，不能很好地满足用户的个性化信息需求。因此，查询推荐（query suggestion）技术被广泛应用于各大主流的搜索引擎，即在系统返回结果的页面中包含了一个相关查询列表，从而为用户明确搜索意图提供思路，为修改查询提供参考，同时也能帮助搜索引擎进行更精确的定位，提高搜索结果的质量。

目前，根据推荐内容的来源，查询推荐方法可分为两类：基于文档的方法和基于用户日志的方法。由于搜索引擎日志本身包含了大量构造完整的查询，故比较容易发现查询之间的各种联系，因此基于搜索引擎日志的方法成为查询推荐的主流。

根据所利用日志的内容，基于日志的查询推荐方法可分为三类：基于查询串、基于点击网页地址（URL）、基于用户会话（session）。基于查询串的方法利用输入的查询内容之间的相似度计算查询相关度，查询内容可以包括查询所对应用户点击结果的锚文本、摘要等信息；基于点击 URL 的方法利用两查询中相同或相似的点击 URL 作为特征，计算两查询间的相关度；基于用户会话的方法则根据两查询在同一搜索过程（session）中共现的次数计算相关度。

根据所使用的技术方法，基于日志的查询推荐可分为如下几类[1-5]：基于聚类方法的推荐、基于关联规则的推荐、基于时间分布的推荐等。基于聚类的方法试图对查询串进行聚类发现相关查询，也可构造由查询串和点击 URL 组成的二部图来寻找相关查询串，该方法存在数据稀疏问题，需要丰富的日志数据做支撑。基于关联规则的方法中，把查询短语视为关联规则的项，把查询日志看作会话的集合，从而推荐统会话中共同出现的高频词汇，该方法需要准确划分 session；基于时间分布的推荐，则考虑到相似查询的搜索频率在时间分布上应该是相似的，特殊的时间点通常有特殊的查询和推荐，这类方法可以作为其他方法的一种补充应用在查询推荐系统中。

传统的查询推荐，很多是基于文档的推荐，或者利用大量的文档信息，或者利用人工编辑的语义资源，但通常计算量大，尤其不再适合网络内容更新频繁、新事物层出不穷、搜索意图多元化的 Web 检索系统推荐。

13.2 查询推荐算法

该专利要解决的技术问题是：提供一种基于用户日志进行查询推荐的方法及

系统，以充分利用搜索引擎用户日志，为用户提供最可能反映其查询意向且系统具有最佳反馈结果的查询串。

为解决上述问题，一方面，该专利提供了一种基于用户日志进行查询推荐的方法，包括以下步骤。

S1：对搜索引擎用户日志中的数据集进行选择，并对所述选择的数据集进行预处理，得到有效查询日志集合，作为第一数据集；

S2：提取第一数据集中每一个查询串的支持度、流行度和推荐度指标，选择满足这三个特征指标最小阈值的查询串与用户记录，作为第二数据集；

S3：选择多个典型查询串作为训练数据，作为第一训练样本集；

S4：对第一训练样本集中的每一查询串，在第二数据集中提取具有一定共现度、相似度和关联度的查询串作为候选相关查询串，然后标注所述候选相关查询串与给定查询串的相关性，作为第二训练样本集；

S5：构建预测模型，基于所述第二训练样本集，学习获得所述预测模型的参数取值；

S6：对用户输入的查询串，在第二数据集中找到与用户输入的查询串具有设定阈值以上相似度、共现度和关联度的查询串，作为候选查询集；

S7：将所述候选查询集中每个查询串的支持度、流行度、推荐度、共现度、相似度以及关联度指标作为变量输入到所述预测模型中，计算每一候选查询串与给定查询串的相关性大小，输出排序靠前的 N 个查询串。

优选地，所述步骤 S1 根据时间对搜索引擎用户日志中的数据集进行选择，并对所述选择的数据集进行预处理，包括以下步骤。

S11：选择一个确定时间段内的用户日志数据；

S12：提取所述确定时间段内用户日志数据中与用户查询与点击的相关信息；

S13：删除所述用户日志数据中的异常查询和查询为空的数据；

S14：去掉过长或者过短的无效查询；

S15：将查询中的英文字母全部转换为小写，并去除查询串中的多余空格以及乱码；

S16：进行用户会话的划分。

优选地，在所述步骤 S2 和 S5 之间还包括对第二数据集的查询串提取的支持度、流行度，以及推荐度进行归一化处理的步骤。

在所述步骤 S4 和 S5 之间还包括对相关查询串提取的共现度、相似度以及关联度指标进行归一化处理的步骤。

所述步骤 S7 还包括将所述第二候选集合中的每个查询串的支持度、流行度、推荐度、共现度、相似度以及关联度指标进行归一化处理的步骤。

优选地，通过下面的公式对所述提取的支持度、流行度、推荐度指标进行归一化处理：

$$\bar{x}_j = \log(x_j)/\max\{\log(x_j)\}\ ,\ (j=1,\ 2,\ 3)$$

其中，x_1、x_2 和 x_3 分别表示提取的支持度、流行度和推荐度数值；$\bar{x}_1$ 、$\bar{x}_2$ 、$\bar{x}_3$ 分别表示归一化处理后的支持度、流行度和推荐度数值。

优选地，通过下面的公式对所述提取的共现度和关联度进行归一化处理：

$$\bar{x}_j = L(q_0,\ q_i)/\max(L(q_0),\ L(q_i))\ ,\ (j=4,\ 6)$$

其中，$\bar{x}_4$ 和 $\bar{x}_6$ 分别表示归一化处理后的共现度和关联度数值。就共现度而言，$L(q_0)$ 和 $L(q_i)$ 分别表示查询串 q_0 和 q_i 含有词项的个数，用 $L(q_0,\ q_i)$ 表示 q_0 与 q_i 含有的公共词项的个数。就关联度而言，$L(q_0)$ 和 $L(q_i)$ 分别表示在长度大于 1 的用户会话中查询串 q_0 和 q_i 各自出现的频次，用 $L(q_0,\ q_i)$ 表示 q_0 和 q_i 在同一会话中共同出现的频次。

优选地，通过下面的公式对所述提取的相似度进行归一化处理：

$$\bar{x}_5 = N(q_0,\ q_i)/\max(N(q_0),\ N(q_i))$$

其中，$N(q_i)$ 表示查询串为 q_i 时点击所有 URL 的多重集合的大小，$N(q_0)$ 表示查询串为 q_0 时点击所有 URL 的多重集合的大小，$N(q_0,\ q_i)$ 表示查询串 q_0 与 q_i 共同点击的 URL 多重集合的大小。

优选地，通过下面的公式对所述提取的相似度进行归一化处理：

$$\bar{x}_5 = \sum_{k=1}^{s}(p_k \times w_{0k} \times w_{ik})/(\|q_0\| \times \|q_i\|)$$

这里设查询串 q_0 与 q_i 所对应点击的所有不同 URL 的集合为 Q_i ，按一定顺序排列组成向量 $\vec{Q}_i$ ，查询串 q_0 的点击次数分别为 $\{w_{01},\ w_{02},\ w_{03},\ \cdots,\ w_{0s}\}$ ，查询串 q_i 的点击次数分别为 $\{w_{i1},\ w_{i2},\ w_{i3},\ \cdots,\ w_{is}\}$ ，则查询串 q_0 和 q_i 可分别表示为两个向量：$q_0 = (w_{01},\ w_{02},\ w_{03},\ \cdots,\ w_{0s})$ 和 $q_i = (w_{i1},\ w_{i2},\ w_{i3},\ \cdots,\ w_{is})$ ，

并定义基于“查询串 q_0 与 q_i 点击相同 URL 数量”的相似度为向量加权夹角的余弦。

$\bar{x}_5$ 分别表示归一化处理后的相似度数值，$p_k = w_{0k} / \sum_{k=1}^{s} w_{0k}$，范数 $\| q_0 \| = \sqrt{(q_0 \cdot q_0)}$，范数 $\| q_i \| = \sqrt{(q_i \cdot q_i)}$，其中 $(q_0 \cdot q_0)$ 和 $(q_i \cdot q_i)$ 为标准向量内积。

优选地，步骤 S5 中构建的预测模型包括多元线性回归模型、Logistic 回归模型、支持向量回归模型以及 BP 神经网络模型，基于所述第二训练样本集，分别学习获得所述多元线性回归模型、Logistic 回归模型、支持向量回归模型以及 BP 神经网络模型的参数取值。

优选地，所述步骤 S5 还包括通过投票策略将所述包括多元线性回归模型、Logistic 回归模型、支持向量回归模型以及 BP 神经网络模型在内的预测模型进行组合，得到复合预测模型。

所述步骤 S7 分别通过所述包括多元线性回归模型、Logistic 回归模型、支持向量回归模型以及 BP 神经网络模型在内的预测模型，得到每个预测模型的推荐结果，再通过所述复合预测模型，得到最终的推荐结果。

优选地，所述步骤 S6 中还包括对用户输入的任意查询串进行包括多余空格的删除、字符串的分词以及大小写字母转换的预处理步骤。

另外，该专利还提供了一种用于实现上述方法的基于用户日志进行查询推荐的系统，包括：数据准备模块，用于对搜索引擎用户日志中的数据集进行选择，并对所述选择的数据集进行预处理，得到有效查询日志集合，作为第一数据集，并提取第一数据集中每一个查询串的支持度、流行度和推荐度指标，选择满足这三个特征指标最小阈值的查询串与用户记录，作为第二数据集。

预测模型构建模块，用于选择多个典型查询串作为训练数据，作为第一训练样本集；对第一训练样本集中的每一查询串，在第二数据集提取具有一定共现度、相似度和关联度的查询串作为候选相关查询串，然后标注与给定查询串的相关性，作为第二训练样本集；构建复合预测模型，基于所述第二训练样本集，学习获得所述预测模型的参数取值。

处理输出模块，用于对用户输入的查询串，在第二数据集中找到与具有设定阈值以上相似度、共现度和关联度的查询串，作为候选查询集，并将所述候选查询集中每个查询串的支持度、流行度、推荐度、共现度、相似度以及关联度指标作为变量输入到所述复合预测模型中，计算每一候选查询串与给定查询串的相关性大小，输出排序靠前的 N 个查询串。

该专利充分利用了海量用户日志中的查询串被查询的次数、用户的数量、URL 点击次数，搜索词之间共有词项的数量、点击相同 URL 数量、同一会话中不同查询串的共现次数等，可以更好地发现查询意图之间的语义相关，对新词和热词的反应也更加敏锐，进而有效提高查询推荐的质量。

该专利从语法和语义两个层面度量了推荐查询的相关性，其中，语法层面重点考察了不同查询串之间的字面匹配程度，而语义的相关性则通过用户共同点击和关联等特征指标而得以反映。此外，由于在训练的过程中，训练样本的标记也同样考虑了语义和语法两个层面，故模型具有很好的适应性。

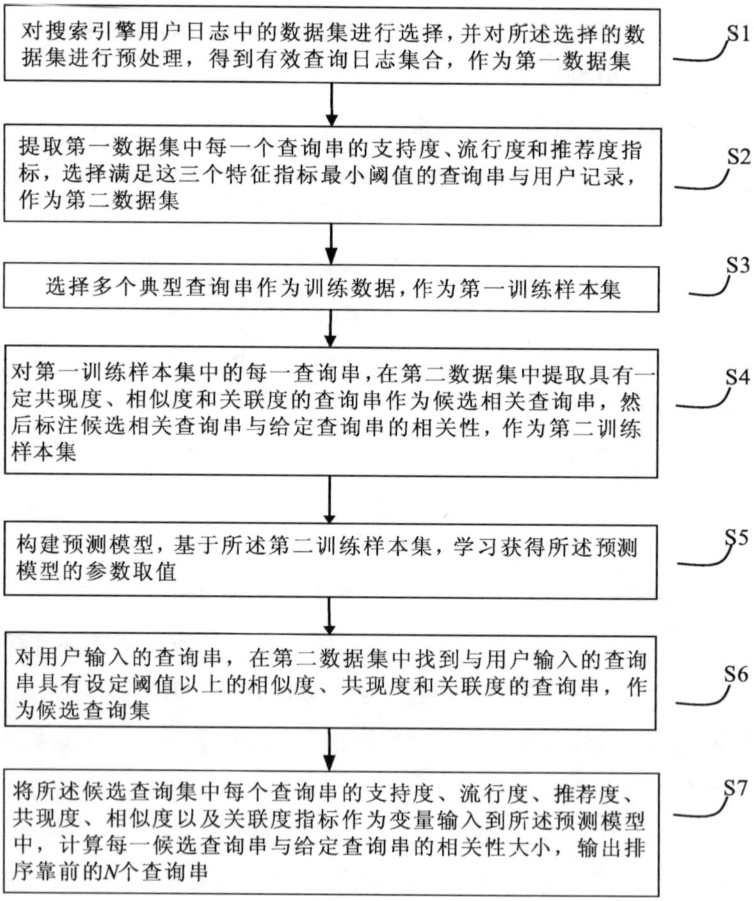

图 13-1　查询推荐方法的步骤流程图

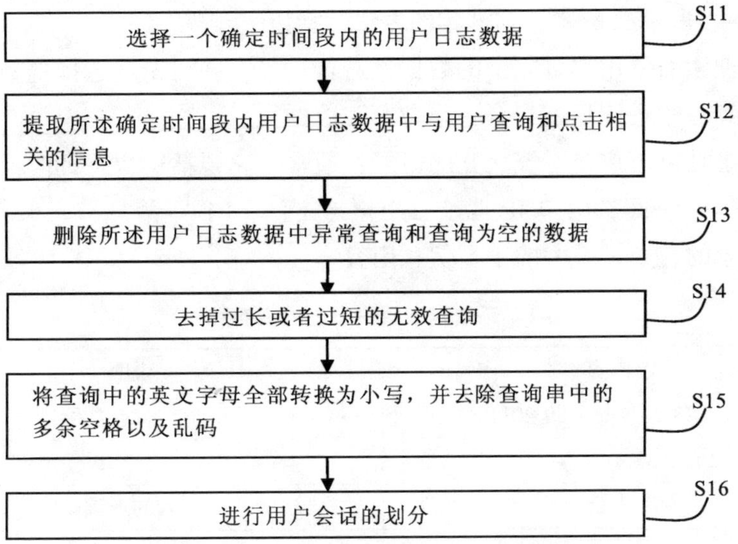

图 13-2　查询推荐方法 S1 的具体步骤流程图

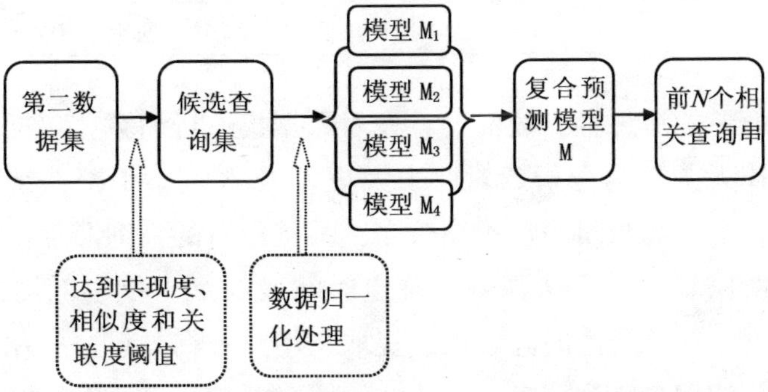

图 13-3　查询推荐方法步骤 S6 和 S7 的流程示意图

13.3　推荐实施步骤

下面结合图 13-1～图 13-3 及实施例对该专利进行详细说明如下。

实施例一。

本实施例记载了一种基于用户日志进行查询推荐的方法，即对一个用户任意给定的查询串 q，从某一时间段的用户（查询与点击）日志中，找到具有较好反馈结果且与所述给定的查询串较相关的若干个查询串 $\{q_1, q_2, \cdots, q_n\}$ 并推荐给用户。

如图 13-1 所示，所述查询推荐的方法包括以下步骤。

S1：对搜索引擎用户日志中的数据集进行选择，并对所述选择的数据集进行预处理，得到有效查询日志集合，作为第一数据集。

用户日志是指用户与系统交互的记录，通常，它包括用户查询时提交给系统的查询串、提交时间、用户 IP 地址、用户点击的 URL 等信息，表 13-1 为系统查询用户日志的一条记录中的主要信息内容。

表 13-1　系统查询用户日志的内容和说明

日志内容	说明
Fri May 23 18：43：59 2011	点击的时间
162. 105. 146. *	用户 IP
专利申请	输入的查询串
http：//www. sipo. gov. cn/sipo/zlsq/	点击的 URL
2	点击页面的排序
5	点击页面中的第几条结果

由于日志记录的海量性，故需要首先对数据集进行缩减，包括选择特定时间段的日志和去掉无关行为分析。对一个大规模 Web 搜索引擎系统而言，短期内用户提交不同查询串的数量服从重尾分布，并且用户的查询及点击行为具有自相似性的特征，所以我们只需选择一个确定时间段（如一周、两周或一个月）内的日志数据即可。在给定的时间段内，提取与用户查询与点击的相关信息，过滤掉与本方法无关的用户行为信息（如点击页面的排序），可以缩减数据集的大小。

如图 13-2 所示，所述 S1 的具体步骤如下。

S11：选择一个确定时间段内的用户日志数据。

S12：提取所述确定时间段内用户日志数据中与用户查询和点击相关的信息。

S13：删除所述用户日志数据中异常查询和查询为空的数据。

其中，异常查询是指一个查询的查询量很高但是来自于个别用户，这通常是由元搜索引擎中爬取器的频繁访问或其他的恶意攻击所导致的。例如，删除一天内来自同一 IP 地址且查询次数超过 300 次的用户记录，因为正常情况下单个用户进行如此多查询的可能性不大，由于存在多个用户共用一个 IP 地址的情况，所以这样做可能会导致一些记录的误删除，但这一比例并不高，大致有 2%左右。

查询为空的记录通常是由误操作引起的，对推荐相关查询没有帮助。

S14：去掉过长或者过短的无效查询；对于候选查询串的长度，限制在 4～20 个字节之间，即不考虑过短（如一个汉字）或者过长的查询，这是由于已有的研究表明：中文搜索引擎用户的查询一般为 2～4 个汉字。

S15：将查询中的英文字母全部转换为小写，并去除查询串中的多余空格以及乱码。

S16：根据 IP+cookie+15 分钟的通用规则，进行用户会话的划分。

经过步骤 1 对所述用户日志作上述预处理，将极大地提高本实施例查询推荐方法发现相近查询的效率和精度。

S2：提取第一数据集中每一个查询串的支持度、流行度和推荐度指标，选择满足这三个特征指标最小阈值的查询串与用户记录，作为第二数据集。

即从经过预处理的搜索引擎日志文件中抽取每个查询串的支持度：向系统提交查询串的总次数；流行度：统计向系统提交查询串的不同用户的数量；推荐度：查询为本查询串时，用户点击 URL 的总次数（重复的 URL 按重数计）。

设定各指标的最小阈值；过滤掉一部分查询串及其用户记录。

S3：选择多个典型的查询串作为训练数据，作为第一训练样本集。

本实施例中，选择几十个典型的查询串作为模型的训练数据，具体选择时可以根据需求做适当调整，如要做综合搜索引擎的查询推荐，训练集应尽量涉及大众搜索的各个领域；对于某垂直搜索引擎，如图片搜索、音乐搜索甚至专利搜索和某些网站的站内搜索，可以抽取该垂直领域或具体领域中具有代表性和普适性的搜索词汇；如果任务是关于广告的优化和不同时间内热点查询的推荐，也可以把该时段的搜索词作为训练数据，如在春节期间的推荐，我们可以抽取历年春节前后的搜索查询串，以便推荐结果具有时间的特性。

一般来说，用户查询可以粗分为 3 类：信息型（informational）、导航型（navigational）和事务型（transactional）。其中，信息型查询表示用户想要查找与主题相关的 Web 页面，即所查找的页面内容可以满足用户的信息需求，如某一事件的报道、影视介绍、小说、人名等；导航型查询表示用户想要查找一个指定名称的站点或主页，如某一机构、公司的网站名称等；事务型查询表示用户想要查找一个服务入口，以便进行下一步的访问，如软件、图片、音乐等资源的下载。通常，用户进行信息型、导航型与事务型查询的数量之比约为 5∶2∶3。

S4：对第一训练样本集中的每一查询串，在第二数据集中提取具有一定共现度、相似度和关联度的查询串作为候选相关查询串，然后标注所述候选相关查询串与给定查询串的相关性，作为第二训练样本集。

其中，共现度是指两个查询串共有词项的数量，如查询串“专利申请”和“专利查询”，将这两个查询串分词后分别为“专利”“申请”和“专利”“查询”，则两者共有一个词项“专利”。这里需要说明的是，中文搜索引擎系统在对文档和用户提交的查询进行预处理时要进行分词操作，将查询转化为词项的集合，对一个中文字串，不同分词系统的切分结果可能存在一定的差异，这主要是与分词系统的词典大小与选用的算法有关。

相似度是指两个查询串点击相同 URL 的数量。例如查询串“人工智能”和“机器学习”均点击了同一 URL：http：//product. china-pub. com/15，那么这两个查询串可能具有语义上的相似性。

关联度是指两个查询串在同一用户会话中的共现次数，在一次查询中，若有很多用户将两个不同的查询串关联起来，则两者可能是语义相关的。

对给定的每一用户查询，分别提取候选相关查询的支持度、流行度、推荐度、共现度、相似度和关联度指标，然后进行数据的归一化处理。

其中：

（1）对某一查询串而言，由于用户的查询次数（支持度）、不同用户的数量（流行度）、用户的点击次数（推荐度）通常服从重尾分布（或类 Zipf 分布），因此可以将指标数据按比例缩放，使之落入一个小的特定区间，如［0，1］内，本实施例通过下面的公式对所述提取的支持度、流行度、推荐度指标进行归一化处理：

$$\bar{x}_j = \log(x_j)/\max\{\log(x_j)\}，(j=1，2，3)$$

其中，x_1、x_2 和 x_3 分别表示提取的支持度、流行度和推荐度数值；$\bar{x}_1$、$\bar{x}_2$、$\bar{x}_3$ 分别表示归一化处理后的支持度、流行度和推荐度数值。

（2）通过下面的公式对所述提取的共现度和关联度进行归一化处理：

$$\bar{x}_j = L(q_0，q_i)/\max(L(q_0)，L(q_i))，(j=4，6)$$

其中，$\bar{x}_4$ 和 $\bar{x}_6$ 分别表示归一化处理后的共现度和关联度数值。就共现度而言，$L(q_0)$ 和 $L(q_i)$ 分别表示查询串 q_0 和 q_i 含有词项的个数，用 $L(q_0，q_i)$ 表示 q_0 与 q_i 含有的公共词项的个数。就关联度而言，$L(q_0)$ 和 $L(q_i)$ 分别表示在长度大于 1 的用户会话中查询串 q_0 和 q_i 各自出现的频次，用 $L(q_0，q_i)$ 表示 q_0 和 q_i 在同一会话中共同出现的频次。

(3) 对于相似度这一特征指标，有两种方法可以用于对其进行归一化处理。

第一种方法是通过下面的公式进行：

$$\bar{x}_5 = N(q_0, q_i)/\max(N(q_0), N(q_i))$$

其中，$N(q_i)$ 表示查询串为 q_i 时点击所有 URL 的多重集合的大小，$N(q_0)$ 表示查询串为 q_0 时点击所有 URL 的多重集合的大小，$N(q_0, q_i)$ 表示查询串 q_0 与 q_i 共同点击的 URL 多重集合的大小。

第二种方法是通过下面的公式进行的：

$$\bar{x}_5 = \sum_{k=1}^{s} (p_k \times w_{0k} \times w_{ik}) / (\| q_0 \| \times \| q_i \|)$$

这里设查询串 q_0 与 q_i 所对应点击的所有不同 URL 的集合为 Q_i，按一定顺序排列组成向量 $\vec{Q}_i$，查询串 q_0 的点击次数分别为 $\{w_{01}, w_{02}, w_{03}, \ldots, w_{0s}\}$，查询串 q_i 的点击次数分别为 $\{w_{i1}, w_{i2}, w_{i3}, \ldots, w_{is}\}$；将 q_0 和 q_i 分别表示为两个向量：$q_0 = (w_{01}, w_{02}, w_{03}, \ldots, w_{0s})$ 和 $q_i = (w_{i1}, w_{i2}, w_{i3}, \ldots, w_{is})$，并定义基于“查询串 q_0 与 q_i 点击相同 URL 数量”的相似度为向量加权夹角的余弦。

$\bar{x}_5$ 分别表示归一化处理后的相似度数值，$p_k = w_{0k} / \sum_{k=1}^{s} w_{0k}$，范数 $\| q_0 \| = \sqrt{(q_0 \cdot q_0)}$，范数 $\| q_i \| = \sqrt{(q_i \cdot q_i)}$，其中 $(q_0 \cdot q_0)$ 和 $(q_i \cdot q_i)$ 为标准向量内积。

其中，第二种方法不仅考虑了 q_0 和 q_i 对应共同点击 URL 的数量，也可反映不同 URL 对 q_0 的重要度。

对第一训练样本集中的每一查询串，在第二数据集中提取具有一定共现度、相似度和关联度的查询串作为候选相关查询串（本实施例中依据情况限定在30～50个为宜），并结合其字符串的语义与语法相似性，标注二者之间的相关性，并根据相关性程度进行分类，例如可将相关性的数值标为三级：0—不相关，1—有点相关，2—非常相关。由此，构成第二训练样本集。

S5：构建预测模型，基于所述第二训练样本集，学习获得所述预测模型的参数取值。

在本实施例中，所使用的预测模型包括多元线性回归模型、Logistic 回归模型、支持向量回归模型以及 BP 神经网络模型。

（1）多元线性回归模型 M1：将一个查询串与给定查询 q_0 的相关性简单看作由上述六个指标（解释变量）的一个线性函数，可用最小二乘法求解参数。

（2）Logistic 回归模型 M2：用于因变量为二分类（或多分类）取值与自变量之间关系的一种多变量分析方法，属于概率型非线性回归模型。

（3）支持向量回归模型 M3：基于结构风险最小化准则，具有较好的推广能力，且适应于小样本回归分析，对文本信息处理有较好的预测结果。

（4）BP 神经网络模型 M4：具有很强的自学习和非线性逼近能力，以及较好的容错性，是目前应用最广泛的神经网络模型之一。它使用最速下降法，通过反向传播来不断调整网络的权值和阈值，使网络的误差平方和最小。

基于所述第二训练样本集，分别学习获得所述多元线性回归模型、Logistic 回归模型、支持向量回归模型以及 BP 神经网络模型的参数取值。

然后通过投票策略将所述包括多元线性回归模型、Logistic 回归模型、支持向量回归模型以及 BP 神经网络模型在内的预测模型进行组合，得到复合预测模型。目前使用较多的投票组合方法是装袋（Bagging）方法和提升（Boosting）方法，两者皆可显著提高模型预测的准确率。这如同一个病人，很多医生的诊断通常会比单个医生的诊断结果更可靠。

下面根据上面步骤得到的预测模型，对用户输入的任意查询串，获得前 *N* 个与该查询串相关的查询串推荐给用户，如图 13-3 所示，具体包括步骤 S6、S7。

S6：对用户输入的查询串，在第二数据集中找到与用户输入的查询串具有设定阈值以上相似度、共现度和关联度的查询串，作为候选查询集。通常截取 50 个左右为宜。

其中，对于用户输入的任意查询串，本实施例还进行包括多余空格的删除、字符串的分词以及大小写字母转换的预处理步骤。

S7：将所述候选查询集中的每个查询串的支持度、流行度、推荐度、共现度、相似度以及关联度指标进行归一化处理之后作为变量分别输入所述多元线性回归模型、Logistic 回归模型、支持向量回归模型以及 BP 神经网络模型中，得到每个预测模型的推荐结果，再通过所述复合预测模型 M，得到最终的推荐结果。根据需要，可以将所述最终的推荐结果按相关性大小进行排序，最后输出前 *N* 个结果作为用户输入的任意查询串的相关查询，反馈给用户。

实施例二。

本实施例记载了一种用于实现上述方法的基于用户日志进行查询推荐的系

统，包括：

数据准备模块，用于对搜索引擎用户日志中的数据集进行选择，并对所述选择的数据集进行预处理，得到有效查询日志集合，作为第一数据集；并提取第一数据集中每一查询串的支持度、流行度和推荐度指标，选择满足这三个特征指标最小阈值的查询串与用户记录，作为第二数据集。

预测模型构建模块，用于选择多个典型查询串作为训练数据，作为第一训练样本集；对第一训练样本集中的每一查询串，在第二数据集中提取具有一定共现度、相似度和关联度的查询串作为候选相关查询串，然后标注与给定查询串的相关性，作为第二训练样本集；构建复合预测模型，基于所述第二训练样本集，学习获得所述预测模型的参数取值。

处理输出模块，用于对用户输入的查询串，在第二数据集中找到与具有设定阈值以上相似度、共现度和关联度的查询串，作为候选查询集；并将所述候选查询集中每个查询串的支持度、流行度、推荐度、共现度、相似度以及关联度指标作为变量输入到所述复合预测模型中，计算每一候选查询串与给定查询串的相关性大小，输出排序靠前的 N 个查询串。

13.4　小结

本章所提出的基于用户日志进行查询推荐的方法及系统具有实际可操作性，是对第 13 章方法的深化、推广和改进，它充分利用了搜索引擎用户日志的数据项，可为用户提供最可能反映其查询意向且系统具有最佳反馈结果的优质查询串。

参考文献

[1] Beeferman D, Berger A. Agglomerative clustering of a search engine query log [C]//Proceedings of the sixth ACM SIGKDD International Conference on Knowledge Discovery and Data Mining. 407-416, Bosten, MA USA, 2000.

[2] Chan W S, Leung W T, Lee D L. Clustering search engine query log containing noisy clickthroughs [C]//Proceedings of the 2004 International Symposium on Applications and the Internet. 305-308, NJ: IEEE Press, 2004.

[3] Fonseca B M, Golgher P B, De Moura E S, et al. Using association rules to discovery search engines related queries [C]//First Latin American Web Congress. Santiago, 2003.

[4] Zeng H J, He Q C, Chen Z, et al. Learning to cluster Web search results [C]//Proceedings of the 27th Annual International ACM SIGIR Conference on Research and Development in Information Retrieval. 210-217, New York: ACM Press, 2004.

[5] 李晓明，闫宏飞，王继民．搜索引擎原理、技术与系统（第二版）［M］．北京：科学出版社，2012.

第 14 章　基于 Web 用户查询日志的网络舆情监测

Web 用户查询日志中记录的信息包括用户 IP、查询时间、提交的查询、用户点击 URL、用户点击顺序等。对用户查询日志中的事件信息进行抽取和过滤，统计分析事件主题的查询量、时间、地域分布等基本指标，辅助使用基本的数据挖掘算法，可以快速发现一个事件的时空分布、用户关注度、事件热度以及随着时间的推进用户关注度的变化情况。一个事件从酝酿、爆发到其发展变化的全过程是可以通过建立数据模型进行预测的，进而可实现重大事件的网络舆情监测和控制。本章简要介绍这方面的两个典型应用与一个实证研究结果。

14.1　引言

随着互联网应用的快速发展，越来越多的网民通过即时通信工具、网络论坛、博客、社交网站发表对社会事务的意见，由此形成的网络舆情是社会舆情的一个重要组成部分，是媒体或网民借助互联网，对某一焦点问题、社会公共事务等所表现出的一定影响力、带倾向性的意见或者言论，是社会舆情在互联网上的一种特殊反映[1]。网络舆情在反映问题、揭露真相、表达民意方面的价值凸显，对政府工作、公共政策制定的积极作用进一步发挥，网络舆情监测不仅有助于政府部门及时准确地掌握社情民意，提高政府部门的舆情应变能力和危机处理能力，也是企业和研究机构进行市场调研和社会调查的重要手段。

搜索引擎是网民获取互联网信息的重要入口，当网民对某一社会事件感兴趣时，很可能在网络上搜索该事件的信息。搜索引擎查询日志中记录了人们使用搜索引擎的情况，包括查询时间、查询地点、查询方式和点击结果等信息，这在一定程度上反映了人们的查询目的。对搜索引擎查询日志的分析能够发现用户频繁查询和点击的内容及其发生的时间，进而发现舆情热点，跟踪舆情产生和变化的源头，反映的舆情信息更具时效性且较为全面。

14.2 网络舆情监测实例

目前，各大搜索引擎公司均加强研发通过查询日志分析进行网络舆情监测的应用，为政府决策和有关管理部门决策提供了重要参考。本节介绍基于 Web 用户查询日志的网络舆情监测典型应用：谷歌趋势（Google Trends）和百度指数。

14.2.1 谷歌趋势

谷歌公司推出的“谷歌趋势”是一款分析用户在谷歌中搜索过的关键词并展示该关键词的关注度的服务。在谷歌趋势中，每一个关键词的趋势记录图形分为搜索量和新闻引用量两部分，用户可直观地看到每一个关键词在谷歌全球的搜索量指数和相关新闻的引用情况的变化趋势，并有详细的城市、国家/地区、语言柱状图显示，也可以对多个不同的关键词的搜索行为进行比较。谷歌趋势中的搜索量指数（Search Volume Index，SVI）体现了一定区域内和一定时间段中针对某关键词 T_i 实际搜索数与平均搜索量之间的比例关系[2]，即：

$$SVI_{timepreriod}^{T_i} = V_{now}^{T_i} / EV_{timepreriod}^{zone_j}$$

其中，$V_{now}^{T_i}$ 表示当前针对关键词 T_i 的用户搜索量，$EV_{timepreriod}^{zone_j}$ 表示在考察搜索量的一定区域内、一定时间段中所有关键词的平均搜索量，$SVI_{timepreriod}^{T_i}$ 值越大，说明该关键词 T_i 的被关注度越高。搜索量指数（SVI）采用相应区域的总流量对数据进行了标准化处理，搜索量指数可以说明针对某关键词对比相应时间段平均搜索数量的上升和下降比例。改变关键词的统计时间跨度时，还可以观察 SVI 的序列变化情况。例如，2013 年某一关键词 T_i 在美国的真实搜索数量为 1 200，而美国所有关键词平均搜索量是 600，则 $SVI_{2013}^{T_i} = 1\,200/600 = 2$；若 2004～2013 年美国所有关键词的平均搜索量为 400，则 $SVI_{2004\sim2013}^{T_i} = 1\,200/400 = 3$。

谷歌公司通过整合谷歌搜索数据，推出了可对美国、加拿大、法国、奥地利、日本等多个国家地区的流感趋势进行实时预测的“谷歌流感趋势”（www. Google. org/flutrends）。设计人员编入“一揽子”流感关键词，如“流感”“温度计”“发烧”“咳嗽”“胸闷”等流感症状，只要用户输入这些关键词，系统就会跟踪分析，每天更新趋势预测。每个季度结束后，“谷歌流感趋势”会根据传统流感监测系统的实际数据对预测模型进行评估，围绕该季节流感开始时间、爆发高峰期、严重性这三个指标来不断更新预测模型，提高其预测准确性。谷歌流感趋势比美国疾病控制中心提前 1 周到 10 天公布流感预测，且与之高度重合。图 14-1 中的深色线条是 2004～2013 年谷歌根据美国网民的流感搜索量预测的流感发病数量，浅色线条为美国疾病控制中心发布的实地检测数据，两者高度重合。公共卫生管理部门和医务人员可以根据谷歌流感趋势预测进行季节性流感的预防工作。

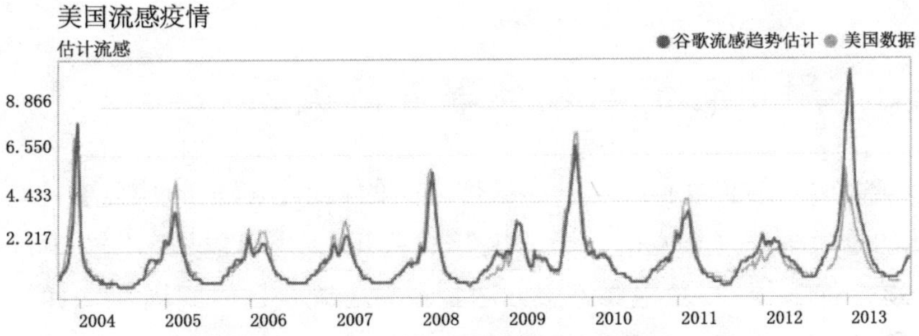

图 14-1　2004～2013 年美国流感趋势预测图

14.2.2　百度指数

百度指数与谷歌趋势相类似，是百度公司 2006 年正式推出的以百度网页搜索和百度新闻搜索为基础的免费海量数据分析服务，用以反映不同关键词在过去一段时间里的"用户关注度"和"媒体关注度"，它能形象地反映不同关键词每天的变化趋势，直接、客观地反映社会热点、网民的兴趣和需求[3]。根据不同的关键词，程序自动从百度新闻搜索中获取与该关键词最相关的 10 条热门新闻，并将新闻按时间顺序均匀分布在"用户关注度"曲线图上，以字母标识，每个字母对应一条热门新闻。

百度指数是综合反映该关键词在过去 1 天里用户对它的关注和媒体对它的关注的一个参考值，任意关键词的百度指数 = 该关键词在比较期的数值/该关键词在基期的数值，在比较期的数值和在基期的数值是通过当天的用户搜索量和百度新闻中过去 30 天相关的新闻数量相比得来的。百度指数每天更新一次，并且提供用户"1 个月""3 个月""6 个月"和最长"1 年"的时间区间选择，同时提供对应关键词指数搜索排名前十的地区和城市分布，并在地区和城市名称后显示关键词搜索量的直线图。

虽然百度指数的计算方法不一定是最优的，与实际数据也未必是完全吻合的，但它已经在某些领域得到了应用。陆挺[4]利用百度指数对我国经济形势进行了预测和判断，所得出的结论和实际结果基本一致。俞庆进等人[5]以百度指数作为投资者的关注度，发现百度指数和创业板股票市场表现有显著相关性。李山等[6]利用百度指数分析了我国第一批 66 个 5A 级旅游景区网络空间关注度的时间分布特征及其前兆效应。熊力芳等[7]借助百度指数的用户关注度数据，通过计算模拟城市信息流，分析长三角城市网络的时空演变。

14.3 用户查询与社会事件的关系

本节研究用户的查询行为与社会事件之间的关系，这里的社会事件既可以是可预见性的重大事件（如党的“十六大”的召开），也可以是突发性事件（如美国“9·11 事件”等）。其主要思想方法是：对一确定的时间周期（如一年等）、一确定的粒度（如每月、每周、每天甚至更小），以查询词类（或一个查询词）为单位，统计其在各个时间段内用户的查询次数，研究这些数值的变化情况及它们之间的关联关系。

我们选取了 2002 年 5 月至 2003 年 7 月共 15 个月的天网查询日志，对党的“十六大”、“三个代表”、“网络”，以及几个常见热点查询词的进行统计分析，发现用户的查询行为与社会事件本身的发展变化密切相关，某些查询词类之间具有非常强的关联性。

14.3.1 主题查询词获取

对事件主题查询词的获取，可以有多种方法，主要有：①从查询日志中得到。先将查询项进行词语切分，提取含有某些关键词（如“十六大”一词）的查询项，然后用第三章提出的对用户点击日志进行聚类的方法，得到扩展后的相近查询词集合，再从查询日志中提取包含该集合里任一元素的查询项，根据需要可反复多次提取。②从网页中得到：选取少量的相关页面，做短语的串频统计。如在文献［8］中网页主题词的提取就是采用了该种方法。③借用一些搜索引擎（如百度等）提供的相关搜索项，直接把相关度较高的查询项拿来使用。

我们采用如下记号，用 n_j 表示第 j 个时间段内用户查询的总次数，m_{ij} 表示第 i 个查询词 w_i 在第 j 个时间段内用户查询的总次数，我们称为用户查询的绝对数量；p_{ij} 表示第 i 个查询词在第 j 个时间段内用户查询次数占总查询次数的比例，即：$p_{ij} = m_{ij}/ n_j$ ，我们称为相对数量。对不同的主题词 w_i 在不同的时间段内对应的 p_{ij} 值是不相同的。不失一般性，我们用随机变量 p_i 表示第 i 个主题词 w_i 的相对数量。

考虑到用户的访问量在各月并不均等，如"五·一""十·一"以及寒暑假期间天网的用户数量明显减少。为此，我们在分析用户查询词与社会事件的关系时用这些变量的相对数量去考察。而讨论它们之间的关系，如是否具有相关关系等，就直接用这些变量的绝对数量进行分析。

如下实验以党的"十六大""三个代表""网络"以及几个常用热点查询词为考察对象，选取2002年5月至2003年7月共15个月的天网查询日志进行统计分析。其中，关于"十六大"主题词类，我们选取了："十六大""党的十六大""十六大精神""学习十六大精神""学习十六大心得"等22个百度关于十六大的热点查询词。关于"三个代表"主题词类，我们选取了："三个代表""三个代表重要思想""三个代表思想汇报"等20个百度关于三个代表的热点查询词。关于"网络"主题词类，我们选取了："网络""网络技术""网络控件""网络计算模型研究""网络计算入门"等9个关于"网络"的热点查询词。这里仅列出一些初步的结果，详细的讨论与分析另文叙述。

14.3.2　查询词与社会事件发展之间的关系

图14-2显示查询词"十六大"在各个月相对数量的变化情况，横轴表示2002年4月至2003年8月的时间段，以月为长度单位；纵轴表示"十六大"这一查询词的查询次数。该图呈现一种参数 r 大于1的Gamma分布的形状。用户关注"十六大"的程度在12月份达到最高。对"十六大"主题词类及其他几个属性类同的查询词如党的"十六大""十六大精神"等的统计结果与图14-2极其类似。进而我们从用户查询词的角度论证了李晓明教授在文献［8］中的猜测："一个预定事件网上舆论的高峰在该事件发生后X天左右出现。"

进一步，我们对"学习十六大精神""学习十六大心得"这两个查询词统计其绝对数量后，各月的查询次数分别相加，构造其序列变化如图14-3所示，该图显示：在5到10月份均为0次，11月为533次，而12月为1258次，达到查询次数的最高点。随后逐渐减少至每月出现70次左右。这与"十六大"在11月份召开有极其好的吻合效果。是否能由此得出："可以从搜索引擎用户所输入的查询信息推测事件所发生的时间”这一结论，有待进一步的试验验证。

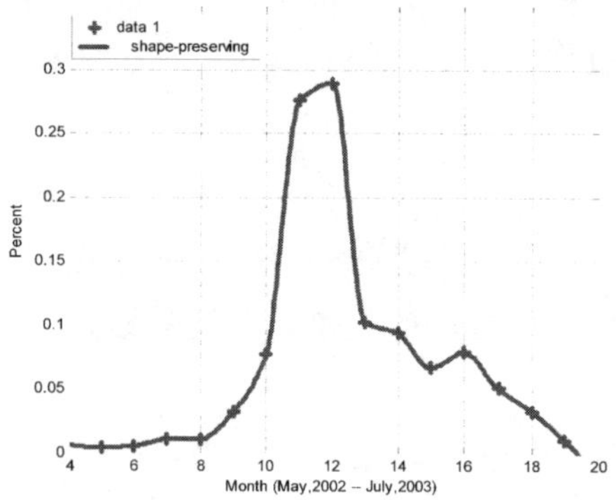

图 14-2　“十六大”一词的查询情况

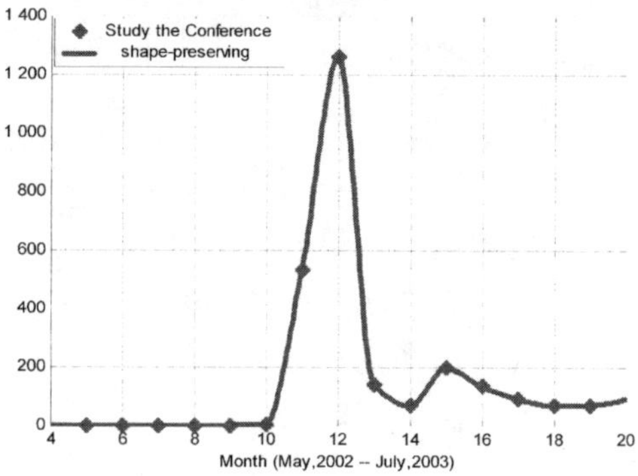

图 14-3　“学习十六大”的查询情况

14.3.3　查询词与社会事件之间的关联

分别用随机变量 U 和 V 表示“三个代表”类查询词的集合和“十六大”类查询词的集合，每类又由一些查询词 w_i 组成。统计在这 15 个月内用户查询次数的具体数值，分别得到它们的 15 维数组表示。图 14-4 显示了这两类数据的发展变化情况，其形状很类似，计算其相关系数得到 $r = 0.9025$，这表明这两个事件有很强的相关性。该图亦揭示了一个有意义的结果，即：从整体来看，人们关注“三个代表”的信息要明显高于“十六大”的信息，只是在会议召开期间及其随后的一个月（12 月份）人们关注“十六大”的信息才略高一点，这可能与本次大会将“三个代表”的思想列入党章有关。

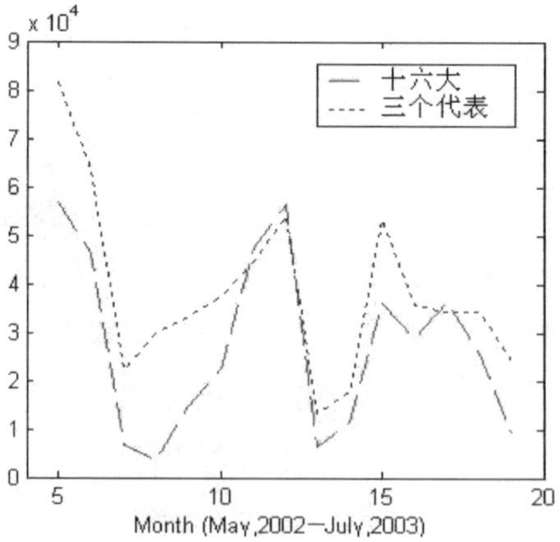

图 14-4　“十六大”类查询词与“三个代表”类查询词出现的数量

14.3.4　热点查询词之间的关系

从 15 个月的天网查询日志中，可以发现一些持久不衰的热点查询词，我们同时考察了“北京”“下载”“代理服务器”这三个查询词在每个月的取值情况，计算它们之间的相关系数，得到表 14-1，该表显示它们具有较强的相关关系，而这一点是与用户的访问量直接相关的。但计算它们与“十六大”一词的相关系数，得到其值介于 0.01～0.08 之间，这说明它们之间没有任何关系。

表 14-1　三个热点查询词之间的相关系数

	北京	下载	代理服务器
北京	1	0.94	0.83
下载	0.94	1	0.86
代理服务器	0.83	0.86	1

此外，我们还统计了网络、网络技术、网络控件、网络计算模型研究、网络计算入门这 5 个同类主题查询词在各月内的查询次数，并计算它们之间的相关系数，发现其值均大于 0.65，最高达 0.945。这表明这几个查询词之间具有较高的相关性。

14.4　小结

本章通过基于 Web 用户查询日志分析的网络舆情监测应用实例——谷歌趋势和百度指数，说明对搜索引擎查询日志的分析能够发现用户频繁查询和点击的内容及其发生时间，Web 用户查询内容在一定程度上能够反映网民现实生活的关注焦点，带有明显的网络舆论的倾向性。发现的舆情热点、反映的舆情信息更具时效性和全面性。用户查询词实证分析结果证实一个预定事件网上舆论的高峰是在该事件发生后 X 天左右出现的，提出可以从搜索引擎用户所输入的查询信息推测事件所发生的时间的猜测。事件不是孤立的，对表示不同事件的主题查询词类随时间的变化趋势的相关分析，可发现事件之间的潜在关系，同类主题查询词之间具有显著的相关性，这有利于监管部门理解事件关系和发展态势，及时准确把握舆论动向，提升舆情应对能力。

参考文献

[1] 中共中央宣传部舆情信息局．网络舆情信息工作理论与实务［M］，北京：学习出版社，2009，6-8.

[2] Zhi D，Engelbergz J，Gao P，et al. In search of earnings predictability［C］. //China International Conference in Finance. 2011：1-32.

[3] 百度百科．百度指数［EB/OL］.［2013-12-09］. http：//baike. baidu. com/view/1235. htm.

[4] 陆挺．百度指数成为经济情报搜索“预言”中国通胀［EB/OL］.［2013-12-06］. http：//www. sootoo. com/content /5974shtml.

[5] 俞庆进，张兵．投资者有限关注与股票收益——以百度指数作为关注度的一项实证研究［J］. 金融研究．2012（8）：152-165.

[6] 李山，邱荣旭，陈玲．基于百度指数的旅游景区网络空间关注度：时间分布及其前兆效应［J］. 地理与地理信息科学，2008（6）：27-29.

[7] 熊丽芳，甄峰，王波，等．基于百度指数的长三角核心区城市网络特征研究［J］. 经济地理．2013，33（7）：67-73.

[8] 李晓明，朱家稷，闫宏飞．互联网上主题信息的一种收集与处理模型及其应用［J］. 计算机研究与发展，2003，40（12）：1667-1671.

附录1　Web搜索引擎日志挖掘示例系统的构建

本附录给出一个Web搜索引擎日志挖掘示例系统的构建方法，在系统上实现了日志挖掘与分析的基本功能。本示例系统的构建是以北大天网搜索引擎系统的用户查询日志为处理对象，实践了一套处理、分析搜索引擎日志数据的方法，包括日志数据项提取、格式转换、数据库设计、日志数据分析等，建立了用户查询日志分析试验系统。利用该系统，可以实现查询日志的批量、规范化处理，同时，可以设定某一分析时间段，对该时间段内的查询日志内容进行一些基本统计，如用户查询高频词统计、用户查询主题演化趋势、用户查询高峰期识别、搜索行为的周期性波动等。

1. 环境配置

示例系统是基于XAMPP，以PHP编程，以MySQL作为数据库开发的一个演示程序。其中，XAMPP是一个将Apache服务器、PHP、Perl及MySQL等融合在一起的安装包，需要下载安装。

（1）XAMPP1.7.1环境说明：

Apache HTTPD 2.2.11 + Openssl 0.9.8i

MySQL 5.1.33

PHP 5.2.9

phpMyAdmin 3.1.3.1

XAMPP CLI Bundle 1.3

FileZilla FTP Server 0.9.31

Mercury Mail Transport System 4.62

（2）Windows 平台下的安装步骤：

下载 XAMPP Windows 安装包，点击安装程序，根据提示完成操作。xampp windows 平台下的 PHP 环境配置安装包可自动安装完毕。

（3）PHP 环境安全配置说明：

如果作为商用的 PHP 环境，xampp 的默认配置是有安全隐患的，需要手动进行部分配置。主要存在的安全隐患是 mysql 和 phpmyadmin 的 root 用户无密码，目录访问问题。在浏览器中输入 http：//localhost/xampp/index. php，进入 xampp 的管理界面。

（4）mysql 和 php myadmin 的安全设置：

点击或输入 http：//localhost/xampp/xamppsecurity. php，在页面中选择 php myadmin 认证方式，即 http 和 cookie，设定 mysql 数据库的 root 用户密码。

（5）目录保护安全设置：

xampp 默认只有针对 htdocs 下的 xampp 目录保护选项，点击或输入 http：//localhost/xampp/xamppsecurity. php，在 xampp 目录保护下输入用户名和密码。

（6）Xampp 的 php 环境配置文件：

Apache：\ xampp \ apache \ conf \ httpd. conf

PHP：\ xampp \ php \ php. ini

MySQL：\ xampp \ mysql \ bin \ my. ini

phpMyAdmin：\ xampp \ phpMyAdmin \ config. inc. php

FileZilla FTP：\ xampp \ FileZillaFTP \ FileZilla Server. xml

Mercury Mail：. \ xampp \ MercuryMail \ MERCURY. INI

Sendmail：\ xampp \ sendmail \ sendmail. ini

（7）在试验系统的程序代码中，默认 mysql 和 phpmyadmin 的 root 用户无密码。搜索日志挖掘示例系统中，默认 MySQL 数据库中已有 lab1001 数据库。环境配置结束后，将 laboratory 文件夹放入 http：//localhost/所在目录下，通过浏览器进入该目录，其 UserMenu. php 代表 index. php。

2. 程序文件与数据集说明

Web 搜索引擎日志挖掘示例系统是对日志处理和分析流程的技术实现。试验系统的基本功能主要包括创建日志数据库、日志数据批量导入、日志数据删除、日志数据分析四部分内容。

程序源文件和数据集放置在 laboratory 文件目录中，数据下载地址为：http：//scie. pku. edu. cn/book/。

以下是对该文件目录下的各个文件所做的简要说明。

名称	修改日期	类型	大小
dataset	2012/12/22 21:29	文件夹	
images	2012/12/23 15:54	文件夹	
lab_files	2012/12/22 21:32	文件夹	
maptest	2012/12/23 20:57	文件夹	
cake.png	2012/12/23 20:58	PNG 图像	5 KB
fold.png	2012/12/23 20:58	PNG 图像	15 KB
pole.png	2012/12/23 20:58	PNG 图像	11 KB
RequirementsProcess1.php	2012/12/23 19:15	PHP 文件	4 KB
RequirementsProcess2.php	2012/10/13 20:58	PHP 文件	1 KB
RequirementsProcess3.php	2012/10/12 14:46	PHP 文件	5 KB
RequirementsProcess4.php	2012/10/12 14:46	PHP 文件	5 KB
RequirementsProcess5.php	2012/10/13 21:47	PHP 文件	2 KB
UserMenu.php	2012/12/23 15:47	PHP 文件	1 KB
UserRequirements1.php	2012/12/23 10:14	PHP 文件	6 KB
UserRequirements2.php	2012/12/22 21:19	PHP 文件	3 KB
UserRequirements3.php	2012/12/23 17:17	PHP 文件	1 KB
UserRequirements4.php	2012/12/23 17:17	PHP 文件	1 KB
UserRequirements5.php	2012/12/22 21:25	PHP 文件	5 KB
Web搜索引擎用户查询日志分析...	2012/12/23 20:53	Microsoft Office...	908 KB

图1 laboratory 文件夹显示

（1）dataset 文件夹中是原始日志数据集（试验数据集），以文本章件格式存放；

（2）images 文件夹中是试验系统用的背景图片；

（3）lab_files 文件夹是已上传日志文件的自动转存；

（4）maptest 文件夹是日志分析中实现统计图表（折线图、柱状图、饼图）的类；

（5）png 文件是日志分析过程中生成的图表；

（6）UserMenu. php 文件是试验系统主界面，即 index. php；

（7）UserRequirementsX. php 文件（X 代表1、2……）是试验系统的交互界面；

（8）RequirementsProcessX. php 文件（X 代表1、2……）是 UserRequirementsX. php 文件的对应实现程序，分别实现了查询日志分析、日志数据库创建、日志批量导入、日志删除等功能。

3. 创建日志数据库

北大天网搜索引擎用户查询日志是在用户提交查询请求时记录的，该日志记录了用户提交的关键词、提交时间、用户 IP、页号（查询结果分页显示，每页显示10个查询结果，用户首次查询页号为1，用户翻页时页号即为用户选择的结果页面号）、是否在 cache 中命中等信息。用户查询日志中一个完整的记录为：

Sun Feb 6 00：00：06 2005//提交时间

222.133.49.91//用户 IP

Database //是否在 cache 中命中

电脑行业专用管理系统 v5.0.2.6//查询词

1 //页号

根据日志数据所包含的数据项设计数据库字段，并创建查询日志数据库。主要字段有日期、时间、IP 地址、存储地址、查询关键词、页码等。

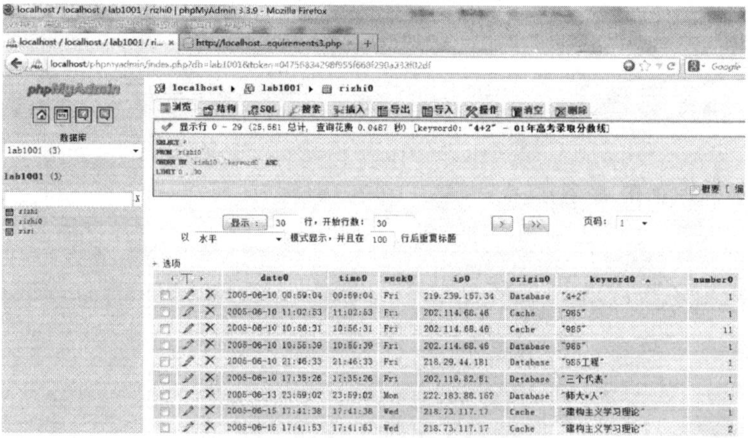

图2 查询日志数据表

4. 日志数据的批量导入与删除

根据查询日志的原始数据结构和数据库中日志数据表的结构，编写日志数据的批量处理程序，实现日志数据的批量导入和删除。日志数据的批量导入分为按查询记录（query）导入和按查询关键词（keyword）导入两种，后者会将查询记录以空格等为分隔符进行关键词切分，便于进行内容分析。

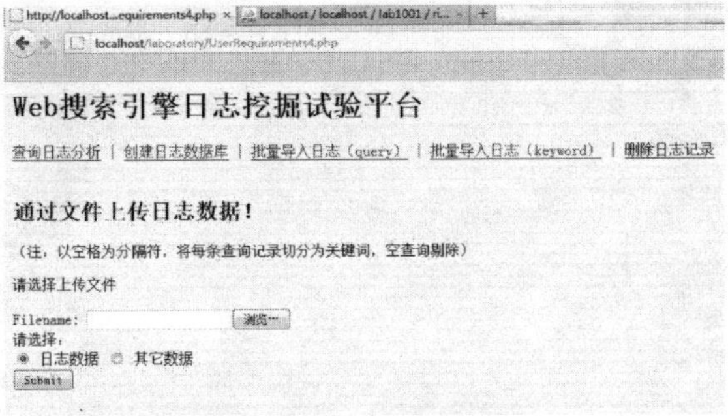

图 3　日志数据上传界面

5. 日志数据统计分析

对放入数据库中的规范化日志数据进行自动统计分析，以图形方式显示统计结果。试验系统选择查询日志关键词、主题事件查询趋势、用户 IP 分布、日志生成时间段、查询请求周期波动等实现了查询分析。

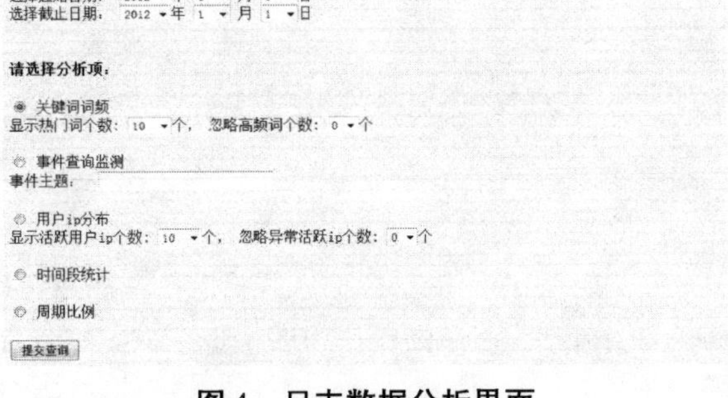

图 4　日志数据分析界面

图 4 是日志数据分析界面截图，在此界面中，可以选择分析日志数据的起止时间，选择分析数据项以及分析图的数据显示个数，考虑到日志数据中经常出现

的高频奇异值现象，设置了忽略高频词、忽略高频 IP 的选项。

以 2005 年 6 月 10～16 日一周的日志为实验数据，对日志数据分析界面实现的功能做进一步说明。图 5 是关键词词频分析，去掉前三个高频奇异值后，生成的 20 个高频词的搜索统计。

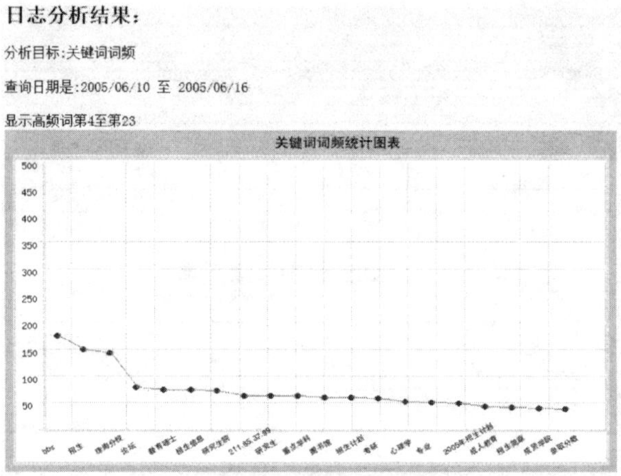

图 5　关键词词频分析结果显示

图 6 是主题事件搜索趋势分析，对“bbs”这一主题进行模糊检索统计，并将每日的检索情况绘成曲线图，直观地展示了用户对该主题的关注趋势变化。对某一热点事件或突发事件的持续监测，可以了解该事件受关注程度的变化趋势，进一步推测某一事件的演化、发展情况。

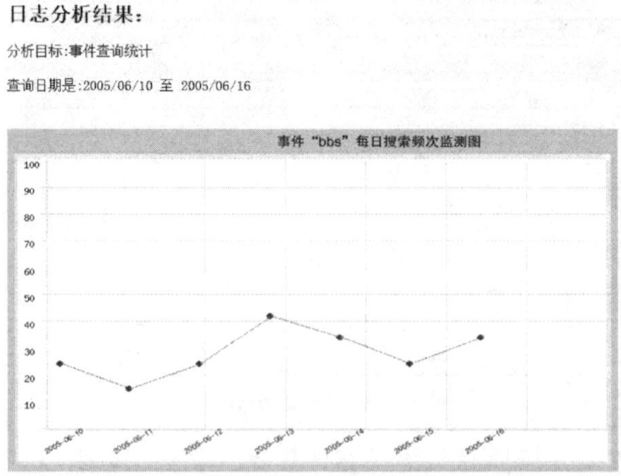

图 6　主题事件的每日搜索频次监测图

图 7 是对用户 IP 分布进行的统计，用于监测活跃用户和异常用户的查询行为。通过对某一特定 IP 查询行为和查询内容的分析，可以进行用户行为和用户需求分析。

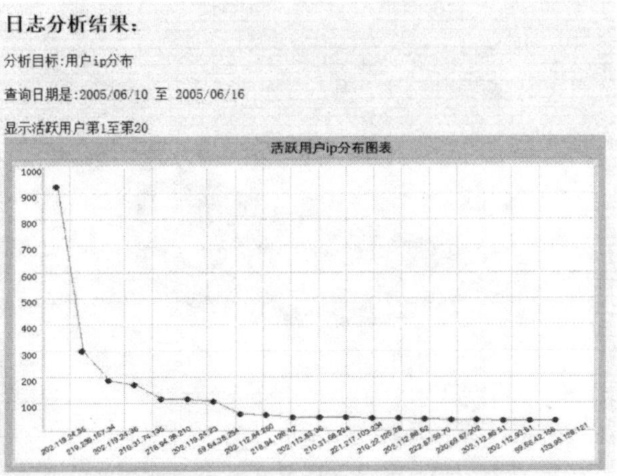

图 7　主题事件的每日查询频次监测图

图 8 是对用户在各个时间段查询次数的统计，了解一天 24 小时内的查询频次波动和搜索峰值，辅助系统维护。

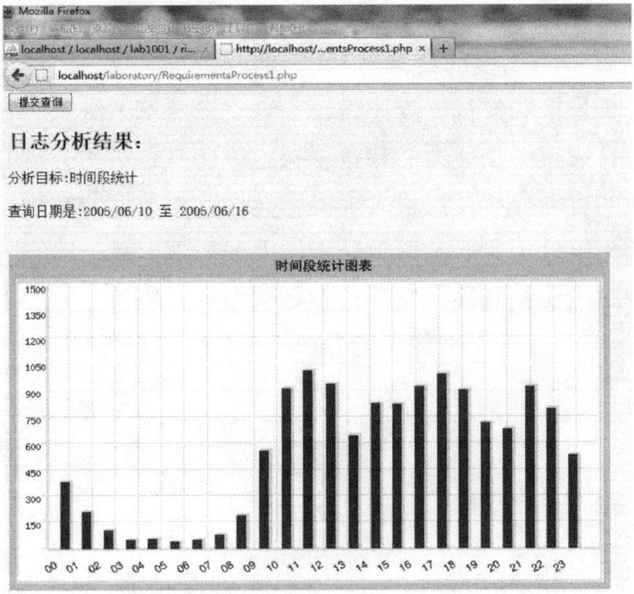

图 8　时间段统计分析结果显示

图 9 是对用户查询行为周期性变化的分析，了解一周 7 天的查询频次波动情况。

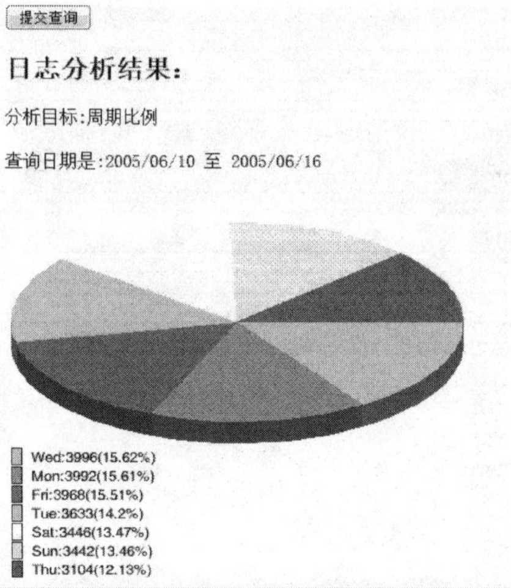

图 9　周期比例分析结果显示

6. 小结

搜索引擎日志挖掘示例系统实现了对北大天网搜索引擎查询日志的处理和简单分析的流程。对不同规模的日志数据，在实际处理时，还需要进一步扩展功能，对数据的分析层次和挖掘深度还需要加强。该示例系统至少在两个方面进行改进，一是利用日志数据相似性的特点，探索构建日志结构分析知识库，实现对未知日志数据项的自动分析，探索大规模、异构日志数据的结构自动识别；二是加强数据内容的深度分析，通过聚类分析、关联规则、复杂网络数据分析等方法挖掘数据中包含的内在关联性，发现日志数据中的有用信息。

附录2 《2013年中国网民搜索行为研究报告》摘要

2013年8月中国互联网络信息中心发布的《2013年中国网民搜索行为研究报告》要点摘录如下。

1. 中国搜索引擎市场现状

（1）截至2013年6月底，中国搜索引擎网民规模为4.70亿，与去年同期相比增长了4177万，同比增长率为9.7%。中国手机搜索网民数达3.24亿，同比增长25.1%。

（2）中国各类型搜索市场渗透率：综合搜索引擎是基础，使用面最广，但搜索网民也常在购物网站、视频网站、微博上进行搜索。过去半年使用过综合搜索引擎的搜索网民比例达98.0%，在购物网站和视频网站上搜索的比例超过65%，在微博上搜索过的网民比例达53.2%。同时，网民使用垂直搜索的比例为22.9%。

（3）中国各类型搜索市场份额：以网民搜索次数来计算各类搜索的市场份额，综合搜索、微博搜索、视频网站搜索、购物网站搜索分别位居第一、二、三、四位，市场份额分别为43.1%、17.3%、13.4%、9.9%，其他类型网站搜索次数的份额较小，都在5%以下。

2. 中国网民在电脑上的搜索行为分析

（1）网民在电脑上使用搜索网站类型：最近半年绝大部分网民都使用过综合搜索网站，使用比例达98.1%；其次为购物网站搜索，使用比例为69.3%；再次为视频网站搜索，使用比例为68.5%。此外，在微博上进行搜索的网民比例也高达50.5%。

（2）常用电脑搜索情景：网民之所以在电脑上使用搜索引擎，绝大部分想了解与学习生活相关的内容，了解当下感兴趣的信息，二者比例分别为75.6%和73.5%。此外，还有58.9%的电脑搜索网民通过搜索引擎了解热点事件发生情况，56.8%通过搜索引擎了解日常生活信息，56.7%通过搜索引擎下载软件。

（3）常用电脑搜索内容：网民电脑上网搜索的内容中，搜索新闻的网民比例占了60.8%，高居第一，搜索音乐和视频的比例为60.1%，这是综合搜索使用最高的两个搜索内容。此外，有三项内容的搜索比例在40%以上，分别为饮食娱乐等生活类信息（48.3%）、位置信息（45.9%）、知识问答（41.9%），其他搜索内容的搜索比例都在40%以下。

（4）网民电脑购物搜索网站和购买渠道：62.2%的网民在搜索购物信息后，以线上购买情况较多，有13.4%的人线上、线下购买情况不多，仅有22.6%的网民线下购买情况较多，1.6%的网民不购买。

3. 中国网民在手机上的搜索行为分析

（1）网民在手机上的搜索情景：70.6%的网民在遇到感兴趣的信息时，会通过手机搜索相关信息，66.9%的网民在寻找与工作学习有关的内容时会使用手机搜索，56.4%的网民在热点事件发生时会使用手机搜索，还有50.7%的网民下载软件时使用手机搜索。此外，寻找衣食住行、外出旅行信息也是网民使用手机搜索的重要原因。

（2）常用综合搜索引擎上的手机搜索内容：网民通过手机在综合搜索引擎上搜索的内容中，新闻占据了第一位，搜索新闻的网民比例为58.3%；其次为饮食娱乐信息（47.7%）；第三为音乐和视频（47.5%）；第四、第五分别为小说等文学作品和位置信息，所占比例分别为41.9%、41.7%。

（3）手机购物搜索商品类型：网民通过手机搜索的购物信息中，日用百货的搜索比例位居第一，搜索比例达61.7%；第二为家电/数码产品，搜索比例达59.6%；第三为餐饮美食，搜索比例为49.7%。

（4）手机APP搜索情况：网民使用手机搜索APP（应用）的类型中，社交通信类应用（通信聊天、社交应用等）的搜索比例最高，达66.3%；第二为多媒体应用（64.4%，包括音乐播放、视频播放、摄影美化等）；第三为学习阅读应用（62.3%，包括新闻阅读、办公学习、电子词典、电子图书）；第四为手机工具（59.6%，包括系统工具、手机安全、浏览器、输入法等）。前四类应用为手机上的常用应用，网民搜索的比例也较高。

（5）手机二维码扫描输入普及情况：手机搜索网民中，有87.0％的人知道二维码扫描服务，并且有55.7％的人使用过，整体知名度和渗透率都已经处于较高水平，如果能成功使二维码扫描与电子商务结合，企业和网民都将受益。

4. 不同城市级别网民搜索行为对比分析

（1）不同城市级别网民搜索内容：随着城市级别下沉，网民搜索饮食娱乐等生活类信息、位置信息、知识问答、购物信息、出行信息、软件或应用、社区论坛信息的使用比例也越来越低。但三线城市在小说等文学作品、游戏的搜索比例方面高于一二线城市。

（2）不同城市级别网民各类型搜索市场渗透率：城市级别越高，使用购物网站和旅行网站搜索的比例越大。大城市居民在购物和旅游方面的需求更多，促进了购物网站和旅行网站搜索的比重增加。

（3）不同城市级别购物搜索后购买行为差异：购物搜索后的购买渠道方面，一线城市在线上购买的比例高达63.6％，大大高于二三线城市，其中高出二线城市2.5％，高出三线城市10.9％。相反，一线城市线下购买为主的网民比例仅为19.9％，比三线城市低10.6个百分点。